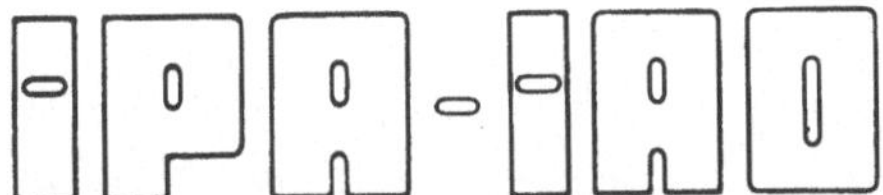

Forschung und Praxis

Band 131

Berichte aus dem
Fraunhofer-Institut für Produktionstechnik
und Automatisierung (IPA), Stuttgart,
Fraunhofer-Institut für Arbeitswirtschaft
und Organisation (IAO), Stuttgart, und
Institut für Industrielle Fertigung und
Fabrikbetrieb der Universität Stuttgart

Herausgeber: H. J. Warnecke und H.-J. Bullinger

G. Hachtel

Entwicklung eines bestands-orientierten Fertigungs-steuerungssystems für die Großserienfertigung am Beispiel des Automobilbaus

Mit 34 Abbildungen und 6 Tabellen

Springer-Verlag
Berlin Heidelberg New York
London Paris Tokyo 1989

Dipl.-Ing. G. Hachtel
Fraunhofer-Institut für Produktionstechnik und Automatisierung (IPA), Stuttgart

Dr.-Ing. H. J. Warnecke
o. Professor an der Universität Stuttgart
Fraunhofer-Institut für Produktionstechnik und Automatisierung (IPA), Stuttgart

Dr.-Ing. habil. H.-J. Bullinger
o. Professor an der Universität Stuttgart
Fraunhofer-Institut für Arbeitswirtschaft und Organisation (IAO), Stuttgart

D 93

ISBN-13:978-3-540-50639-3   e-ISBN-13:978-3-642-83686-2
DOI: 10.1007/978-3-642-83686-2

Gesamtherstellung: Copydruck GmbH, Heimsheim
2362/3020—543210

<u>Geleitwort der Herausgeber</u>

Futuristische Bilder werden heute entworfen:

o Roboter bauen Roboter,

o Breitbandinformationssysteme transferieren riesige Datenmengen in
  Sekunden um die ganze Welt.

Von der "menschenleeren Fabrik" wird da gesprochen und vom "papierlo-
sen Büro". Wörtlich genommen muß man beides als Utopie bezeichnen,
aber der Entwicklungstrend geht sicher zur "automatischen Fertigung"
und zum "rechnerunterstützten Büro". Forschung bedarf der Perspektive,
Forschung benötigt aber auch die Rückkopplung zur Praxis - insbeson-
dere im Bereich der Produktionstechnik und der Arbeitswissenschaft.

Für eine Industriegesellschaft hat die Produktionstechnik eine Schlüs-
selstellung. Mechanisierung und Automatisierung haben es uns in den
letzten Jahren erlaubt, die Produktivität unserer Wirtschaft ständig
zu verbessern. In der Vergangenheit stand dabei die Leistungssteigerung
einzelner Maschinen und Verfahren im Vordergrund. Heute wissen wir, daß
wir das Zusammenspiel der verschiedenen Unternehmensbereiche stärker
beachten müssen. In der Fertigung selbst konzipieren wir flexible Fer-
tigungssysteme, die viele verkettete Einzelmaschinen beinhalten. Dort,
wo es Produkt und Produktionsprogramm zulassen, denken wir intensiv
über die Verknüpfung von Konstruktion, Arbeitsvorbereitung, Fertigung
und Qualitätskontrolle nach. Rechnerunterstützte Informationssysteme
helfen dabei und sollen zum CIM (Computer Integrated Manufacturing)
führen und CAD (Computer Aided Design) und CAM (Computer Aided Manufacturing) vereinen. Auch die Büroarbeit wird neu durchdacht und mit
Hilfe vernetzter Computersysteme teilweise automatisiert und mit den
anderen Unternehmensfunktionen verbunden. Information ist zu einem
Produktionsfaktor geworden, und die Art und Weise, wie man damit umgeht,
wird mit über den Unternehmenserfolg entscheiden.

Der Erfolg in unseren Unternehmen hängt auch in der Zukunft entschei-
dend von den dort arbeitenden Menschen ab. Rationalisierung und Automatisierung müssen deshalb im Zusammenhang mit Fragen der Arbeitsgestal-
tung betrieben werden, unter Berücksichtigung der Bedürfnisse der Mitarbeiter und unter Beachtung der erforderlichen Qualifikationen. Investitionen in Maschinen und Anlagen müssen deshalb in der Produktion wie
im Büro durch Investitionen in die Qualifikation der Mitarbeiter be-
gleitet werden. Bereits im Planungsstadium müssen Technik, Organisation
und Soziales integrativ betrachtet und mit gleichrangigen Gestaltungs-
zielen belegt werden.

Von wissenschaftlicher Seite muß dieses Bemühen durch die Entwicklung
von Methoden und Vorgehensweisen zur systematischen Analyse und Ver-
besserung des Systems Produktionsbetrieb einschließlich der erforderlichen Dienstleistungsfunktionen unterstützt werden. Die Ingenieure
sind hier gefordert, in enger Zusammenarbeit mit anderen Disziplinen,
z. B. der Informatik, der Wirtschaftswissenschaften und der Arbeitswissenschaft, Lösungen zu erarbeiten, die den veränderten Randbedingungen
Rechnung tragen.

Beispielhaft sei hier an den großen Bereich der Informationsverarbei-
tung im Betrieb erinnert, der von der Angebotserstellung über Konstruktion und Arbeitsvorbereitung, bis hin zur Fertigungssteuerung und Qualitätskontrolle reicht. Beim Materialfluß geht es um die richtige Aus-

wahl und den Einsatz von Fördermitteln sowie Anordnung und Ausstattung
von Lagern. Große Aufmerksamkeit wird in nächster Zukunft auch der
weiteren Automatisierung der Handhabung von Werkstücken und Werkzeu-
gen sowie der Montage von Produkten geschenkt werden.

Von der Forschung muß in diesem Zusammenhang ein Beitrag zum Einsatz
fortschrittlicher intelligenter Computersysteme erfolgen. Planungs-
prozesse müssen durch Softwaresysteme unterstützt und Arbeitsbedingun-
gen wissenschaftlich analysiert und neu gestaltet werden.

Die von den Herausgebern geleiteten Institute, das

- Institut für Industrielle Fertigung und Fabrikbetrieb der Universität
  Stuttgart (IFF),

- Fraunhofer-Institut für Produktionstechnik und Automatisierung (IPA),

- Fraunhofer-Institut für Arbeitswirtschaft und Organisation (IAO)

arbeiten in grundlegender und angewandter Forschung intensiv an den
oben aufgezeigten Entwicklungen mit. Die Ausstattung der Labors und
die Qualifikation der Mitarbeiter haben bereits in der Vergangenheit
zu Forschungsergebnissen geführt, die für die Praxis von großem
Wert waren. Zur Umsetzung gewonnener Erkenntnisse wird die Schriftenreihe "IPA-IAO - Forschung und Praxis" herausgegeben. Der vorliegende
Band setzt diese Reihe fort. Eine Übersicht über bisher erschienene
Titel wird am Schluß dieses Buches gegeben.

Dem Verfasser sei für die geleistete Arbeit gedankt, dem Springer-
Verlag für die Aufnahme dieser Schriftenreihe in seine Angebotspa-
lette und der Druckerei für saubere und zügige Ausführung. Möge das
Buch von der Fachwelt gut aufgenommen werden.

                              H. J. Warnecke · H.-J. Bullinger

<u>Vorwort des Verfassers</u>

Die vorliegende Arbeit entstand während meiner Tätigkeit am Fraunhofer-Institut für Produktionstechnik und Automatisierung (IPA), Stuttgart.

Herrn Professor Dr.-Ing. H.-J. Warnecke, dem Leiter des Instituts, bin ich für die wohlwollende Förderung und großzügige Unterstützung der Arbeit zu besonderem Dank verpflichtet.

Mein Dank gilt ebenfalls Herrn Professor Dr.-Ing. G. Pritschow für die eingehende Durchsicht der Arbeit und die sich daraus ergebenden wertvollen Anregungen.

Ein herzlicher Dank geht an Herrn Dr.-Ing. habil. W. Dangelmaier für seine stete Diskussionsbereitschaft und konstruktive Kritik.

Bei allen Mitarbeitern des Instituts, die mir durch große Hilfsbereitschaft die Erstellung der Arbeit erleichtert haben, bedanke ich mich ebenfalls vielmals.

An dieser Stelle möchte ich auch meiner Frau Heidrun und allen Freunden danken, die mir immer wieder durch ein aufmunterndes Wort geholfen und mich in weniger guten Tagen ertragen haben.

Hachtel

Illmensee, 1988

<u>INHALTSVERZEICHNIS</u>   Seite

Verzeichnis der Abkürzungen, Formelzeichen und Einheiten

ZEICHEN	EINHEIT	BEDEUTUNG
KE		Kapazitätseinheit
ME		Mengeneinheit
ZE		Zeiteinheit = der Länge eines Planungszeitabschnitts (PZA)
A,B,C,D, E,F,H,I, $P,P_1\ldots$ P_R,V		Materialflußobjekte
$AB_{P,s}$	ME/ZE	Auftragsbedarf am Materialflußobjekt P über dem Horizont s
$AB_{PV,j+1}$	ME/ZE	Auftragsbedarf am Materialflußobjekt V verursacht durch den Verbraucher P im Planungszeitabschnitt j+1
$AB_{PV,s}$	ME/ZE	Auftragsbedarf am Materialflußobjekt V verursacht durch den Verbraucher P über dem Horizont s
AV	ME/ZE	Auftrag/Teilauftrag
dAV	ME/ZE	Differenzmenge zwischen zwei Auftragsmengen zum selben Termin
AV_A	ME/ZE	Auftrag für das Materialflußobjekt A
$AV_{P,s}$	ME/ZE	Teilauftrag für das Materialflußobjekt P über dem Horizont s

ZEICHEN	EINHEIT	BEDEUTUNG
AVG		Arbeitsvorgang
BB_P	ME/ZE	Bruttobedarf am Materialflußobjekt P
$BB_{V,s}$	ME/ZE	Bruttobedarf am Materialflußobjekt V über dem Horizont s
dBB	ME/ZE	Differenzbruttobedarfswert
$dBB_{P,s}$	ME/ZE	Bruttobedarfsdifferenzzeitreihe über dem Horizont s
BDE		Betriebsdatenerfassung
d		Differenz zwischen verfügbarem Istbestand und geplantem Bestand für einen aktuellen Heutezeitpunkt
D_s		Differenz zwischen verfügbarem Istbestand (VB-IST) und dem kumulierten Bruttobedarf (BB_s) über dem Horizont s
DLZ	ZE	Durchlaufzeit
DLZ_{PV}	ZE	Durchlaufzeit zwischen dem verbrauchenden Materialflußobjekt P und dem verbrauchten Materialflußobjekt V
DLZ_{tmax}	ZE	Längste Durchlaufzeit bei einer bestimmten Parametereinstellung t
$DLZVH_t$		Durchlaufzeitverhältnis bei der Parametereinstellung t
EP		Erfassungspunkt von Bestandsmengen auf der operativen Ebene

ZEICHEN	EINHEIT	BEDEUTUNG
f(Bedarf)		Funktion des Bedarfes
FST		Fertigungssteuerung
FPL		Fertigungsplanung/Stammdatenpflege
GT	ZE	Grenztermin; Termin, zu dem ein vorhandener Bestand durch den angemeldeten Bedarf aufgezehrt ist
I		Anzahl aller bei einer bestimmten Parametereinstellung t ermittelten Durchlaufzeiten
int(...)		auf ganze Zahlen abgerundet
i.O.		In Ordnung: Materialflußobjekt oder Bestandsmenge das/die bezüglich einer weiteren Verwendung als in Ordnung befunden wurde
i.O.-Bestand$_{V,j}$	ME	Menge aller erfaßten Materialflußobjekte V im Zustand i.O. zum aktuellen Zeitpunkt j (j $\in$ des aktuellen Planungszeitabschnitts)
j	ZE	Aktueller Planungszeitabschnitt (PZA) mit der Heutelinie als rechtem Rand
$j_{V,AV}$		Erster Planungszeitabschnitt (PZA) eines Auftrags AV zum Materialflußobjekt V
$j_{V,AV+1}$		Erster PZA eines Auftrages AV+1 zu einem Materialflußobjekt V
KA	KE/ZE	Kapazitätskalender (Kapazitätsangebot je Planungszeitabschnitt)
KA_s	KE/ZE	Kapazitätskalender über dem Horizont s

ZEICHEN	EINHEIT	BEDEUTUNG
KA_j	KE/ZE	Kapazitätskalenderwert im Planungszeitabschnitt j
$KA_{P,j+n}$	KE/ZE	Kapazitätskalenderwert gültig im Herstellungsbereich des MFOs P im Planungszeitabschnitt j+n
$KA_{P,s'}$	KE/ZE	Kapazitätskalenderwert gültig im Herstellungsbereich des MFOs P im Planungszeitabschnitt s'
KAPB	KE/ZE	Kapazitätsbedarf
$K_{PV,s}$	ZE	Kapazitätsangebotsabhängige Durchlaufzeiten zwischen dem verbrauchenden MFO P und dem verbrauchten MFO V über dem Horizont s; ganzzahliger Teil
$k_{PV,s}$	ZE	siehe oben; Restgröße
KG		Kapazitätsgruppe
K1,K2		Kaufteile
LHK	DM	Lagerhaltungskosten
LhK		Lagerhaltungskostenwert
LHKS		Lagerhaltungskostensatz
LHKSU		Summe Lagerhaltungskostenwert
Los_i		Losmenge im Planungszeitabschnitt i
M		Menge aller Verbuchungsfälle
MBF		Mehrbedarfsfaktor

ZEICHEN	EINHEIT	BEDEUTUNG
MBF_{PV}		Mehrbedarfsfaktor zwischen den Materialfluß-objekten P und V
MFO		Materialflußobjekt
MJE		Menge je Einheit
MJE_{PV}		Menge je Einheit zwischen den Materialflußob-jekten P und V
$NB_{V,s}$	ME	Nettobedarf am Materialflußobjekt V über dem Horizont s
NU_t	DM	Erzielbarer Nutzen bei einer bestimmten Parametereinstellung t
PB	ME	Prozessbestand
$PB_{PV,j}$	ME	Prozessbestand am Materialflußobjekt V für ei-nen Verbraucher P im Planungszeitabschnitt j
$PB_{PV,s}$	ME	Geplanter Verlauf des PBs für das Material-flußobjekt V verbraucht vom MFO P über dem Horizont s
PZA	ZE	Planungszeitabschnitt
PZA_j	ZE	Aktueller Planungszeitabschnitt mit dem ϵ Heutelinie
Q_t		Menge aller bei einer bestimmten Parameter-einstellung ermittelten Durchlaufzeiten
QUO		Quotient aus Rüstkosten und Lagerhaltungsko-sten

ZEICHEN	EINHEIT	BEDEUTUNG
R		Anzahl Verbraucher eines Materialflußobjektes V
RB	ME	Reservierungsbedarf
dRB_s	ME	Differenzzeitreihe Reservierungsbedarf
$RB_{PV,h}$	ME	Geplanter Abgang am Lager aus dem Bestand an V für einen Verbraucher P zwischen zwei geplanten Auftragszugangsterminen $j_{V,AV}$ und $j_{V,AV+1}$ zum MFO V
$RB_{PV,j+1}$	ME	Reservierungsbedarf am Materialflußobjekt V für einen Verbraucher P im Planungszeitabschnitt j+1
$RB_{PV,s}$	ME	Reservierungsbedarf am Materialflußobjekt V für einen Verbraucher P über dem Horizont s
RK	DM	Rüstkosten
RM_{PV}	ME	Reservierungsmenge für einen Verbraucher P an einem Materialflußobjekt V
$RM_{PV,AV}$	ME	Reservierungsmenge an einem Auftrag AV zu einem MFO V für einen Verbraucher P
RO	ME	Oberer Referenzwert
RU	ME	Unterer Referenzwert
RO^j_P	ME	Oberer Referenzwert für das MFO P ermittelt im PZA j
RU^j_P	ME	Unterer Referenzwert für das MFO P ermittelt im PZA j

ZEICHEN	EINHEIT	BEDEUTUNG
RO^{j+n}_{P}	ME	Im PZA j+n aktualisierter oberer Referenzwert für das MFO P
RU^{j+n}_{P}	ME	Im PZA j+n aktualisierter unterer Referenzwert für das MFO P
S		Menge aller Status
s	ZE	Zeitindex des vorliegenden Horizontes, in Schrittweiten entsprechend der Länge eines Planungszeitabschnitts (PZA)
SB	ME	Sicherheitsbestand
$SB_{V,j}$	ME	Sicherheitsbestand des Materialflußobjektes V zum Heutezeitpunkt ($\in$ des aktuellen Planungszeitabschnitts j)
$SB_{V,s}$	ME	Sicherheitsbestandsverlauf des Materialflußobjektes V über dem Horizont s
SRB	ME	Summe Reservierungsbedarf
$SRB_{V,s}$	ME	Summe Reservierungsbedarf am Materialflußobjekt V über dem Horizont s
STDL	ME/ZE	Stundenleistung
SZ_{V}	ZE	Sicherheitszeit des Materialflußobjektes V
T		Anzahl aller verschiedenen Parametereinstellungen
TFO	ME	Oberer Toleranzfunktionswert
$TFO_{P,s}$	ME	Obere Toleranzfunktion des MFO P über dem Horizont s

ZEICHEN	EINHEIT	BEDEUTUNG
TFU	ME	Untere Toleranzfunktion
$TFU_{P,s}$	ME	Untere Toleranzfunktion des MFO P über dem Horizont s
TWO1, TWO2,...	ME	Erster, zweiter ... oberer Toleranzwert
TWU1, TWU2,...	ME	Erster, zweiter ... unterer Toleranzwert
U		Menge aller Durchlaufzeitverhältnisse
UMB	ME	Umlaufbestand
VB	ME	Verfügbarer Bestand
$VB\text{-}IST_{P,j}$	ME	Verfügbarer Istbestand des Materialflußobjektes P im aktuellen Planungszeitabschnitt j
$VB\text{-}IST_{V,j}$	ME	Verfügbarer Istbestand des Materialflußobjektes V im aktuellen Planungszeitabschnitt j
$VB^{j}_{P,s}$	ME	Soll-Bestandsverlauf zum MFO P ermittelt im Planungszeitabschnitt j
$VB^{j+n}_{P,s}$	ME	Aktueller Soll-Bestandsverlauf zum MFO P aktualisiert im Planungszeitabschnitt j+n
VE		Vertrieb
VLZ	ZE	Vorlaufzeit ($\in \mathbb{R}$)
VLZ A/B	ZE	Vorlaufzeit zwischen den Materialflußobjekten A und B
VLZ(max)	ZE	Maximale Vorlaufzeit ($\in \mathbb{R}$)

ZEICHEN	EINHEIT	BEDEUTUNG
WRC_t		"Worst Case" bei einer bestimmten Parameter- einstellung t
$\bar{x}_t$		Durchschnittliche Durchlaufzeit je Parameter- einstellung t
z		Standardnormalvariable
σ_t		Standardabweichung der Durchlaufzeiten bei ei- ner bestimmten Parametereinstellung t
Φ		Anzahl aller PZAs, für die eine Auftrags-/ -teilmenge (≥ 0) vorliegt

Verzeichnis der verwendeten Symbole

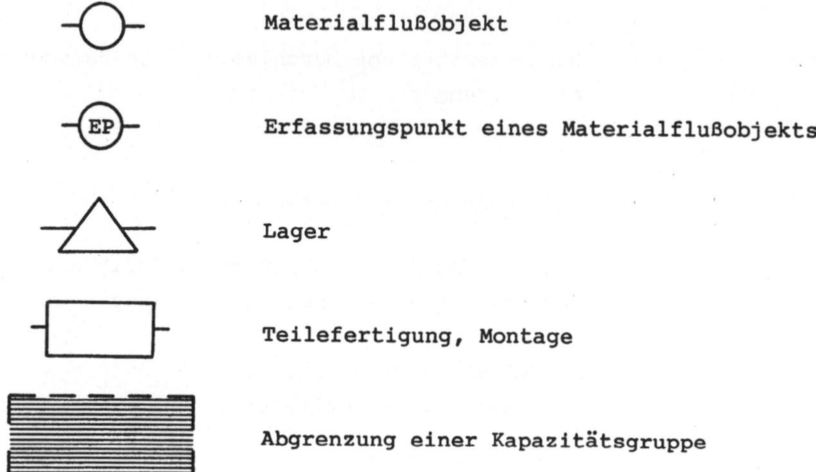

Materialflußobjekt

Erfassungspunkt eines Materialflußobjekts

Lager

Teilefertigung, Montage

Abgrenzung einer Kapazitätsgruppe

1   <u>Einleitung</u>

Die Situation der deutschen Automobilindustrie mit Großserienfertigung[1] ist geprägt von nationalem und internationalem Kon-
kurrenzdruck, einer angespannten Absatzlage und spezifischen Problemstellungen als Folge einer zunehmenden Varianten- und Produkt-
vielfalt /2,3,4,5/. Die genannten ungünstigen Rahmenbedingungen
zwingen die Automobilbauunternehmen zur intensiven Nutzung von Ra-
tionalisierungspotentialen, um die Produktionskosten zu senken
/6/.

Der Verantwortungsbereich der Fertigungssteuerung weist ein solches Rationalisierungspotential auf. Dieser Sachverhalt äußert
sich in unnötig hohen Beständen /7,8/, die auf unterschiedliche
Weise hohe Kosten verursachen. Die vorliegende Arbeit befaßt sich
deshalb mit der Fertigungssteuerung im Automobilbau mit dem Ziel,
die vorliegenden Schwachstellen zu beseitigen.

Aufgabe der Fertigungssteuerung ist es, die vom Markt gewünschten
Erzeugnisse durch   p l a n e n d e   und   s t e u e r n d e
M a ß n a h m e n   in genügender Zahl, in der geforderten Quali-
tät und zur richtigen Zeit zur Verfügung zu stellen[2]. Das hat

---

1) Eine Klassifizierung der Fertigung in einem Unternehmen stellen
   die sogenannten Fertigungstypen dar. Das klassifizierende Merkmal orientiert sich an der Häufigkeit der Wiederholung eines
   bestimmten Fertigungsvorgangs /1/.
   Unter Serienfertigung versteht man die Produktion verschiedener
   Erzeugnisse im zeitlichen Nacheinander auf derselben Produktionsanlage unter jeweiliger Zusammenfassung mehrerer gleicher
   Einheiten zu geschlossenen Losen. Mit jedem Serienwechsel wird
   der Fertigungsprozeß unterbrochen und die Produktionsanlage auf
   die Erfordernisse eines anderen, neu aufzulegenden "Erzeugnisses" umgestellt.
   Die Großserienfertigung ist als Untertyp der Serienfertigung zu
   bezeichnen. Dabei werden viele Einheiten einer   P r o d u k t-
   a r t   gefertigt.
2) Die   F e r t i g u n g s v o r b e r e i t u n g   besteht aus
   den beiden Tätigkeitsbereichen Fertigungsplanung und -steue-
   rung. Eine Unterscheidung zwischen Fertigungsplanung und Fertigungssteuerung ergibt sich über eine Betrachtung der Wiederhol-
   häufigkeit der Aufgabendurchführung. Zur Fertigungsplanung gehören alle nur einmalig anfallenden Arbeiten wie z.B. die Be-
   triebsmittelplanung /9/. Die Aufgabenumfänge der Fertigungssteuerung fallen dagegen innerhalb eines überschaubaren Zeitraumes mehrfach an.

unter der Voraussetzung möglichst geringer Gesamtkosten zu geschehen /10/.

Ohne an dieser Stelle eine quantitative Aussage über das durch eine geeignete Fertigungssteuerung nutzbare Rationalisierungspotential treffen zu können, kann die Bedeutung der Bestände im Automobilbau nicht hoch genug eingeschätzt werden. Ein großes deutsches Automobilunternehmen wies beispielsweise zum 31. Dezember 1985 ein B i l a n z v e r m ö g e n a n B e s t ä n d e n von ca. 2400 Mio DM /11/ aus. Da die Bestände in der Regel mit Fremdkapital finanziert sind, fallen dafür Zinsaufwendungen an. Diese wiederum haben entsprechend negativen Einfluß auf das Unternehmensergebnis.

2   Problemstellung

2.1   Abgrenzung des Problembereichs

Bei näherer Betrachtung des Tätigkeitsfeldes F e r t i g u n g s -
s t e u e r u n g , lassen sich über die Reichweite des Planungs-
horizonts folgende Bereiche voneinander abgrenzen (vgl. dazu
/12,13,14/):

    1) langfristige Planung,
    2) mittelfristige Planung und
    3) kurzfristige Steuerung.

Ziel der langfristigen Planung ist die Festlegung des Fertigungs-
programmes, z.B. in einem groben Monatsraster. Dabei werden über-
schlägig die voraussichtlich zur Verfügung stehenden Betriebsmit-
tel- und Arbeitsplatzkapazitäten /15,16/[1] berücksichtigt. Das
Fertigungsprogramm stellt eine Leistungsverpflichtung der Fertigung gegenüber dem Vertrieb dar.
Die mittelfristige Planung verfeinert die obige grobe Festlegung
und legt unter Berücksichtigung der aktuellen Gegebenheiten exakt
fest, wann welche Mengen an Erzeugnissen, Baugruppen, Einzelteilen
und Rohmaterialien gefertigt bzw. beschafft werden sollen. Diese
Aufgabe ist auch mit dem Begriff Mengen- und Terminplanung belegt.
Von der kurzfristigen Steuerung schließlich müssen die Tätigkeiten
Arbeitsverteilung, Fertigungsablaufsicherung, Qualitätssicherung,
Arbeitsmittelprüfung usw. ausgeführt werden[2].

Die vorliegende Arbeit beschränkt sich auf den Bereich der mittelfristigen Planung oder m i t t e l f r i s t i g e n F e r -
t i g u n g s s t e u e r u n g , da hier die Ursachen für die
in der Einleitung angesprochenen Bestandsprobleme zu finden sind.

---

1) Inhalt, Probleme und Lösungsansätze zur Fertigungsprogrammpla-
   nung sind z.B. in /17,18/ ausführlich beschrieben.
2) Lösungsansätze und Systeme zur kurzfristigen Fertigungssteuerung sind z.B. in /19,20/ ausgeführt.

Für die weitere Arbeit werden folgende Vereinbarungen getroffen:
Wenn von Fertigungssteuerung die Rede ist, wird immer die mittelfristige Planung gemeint sein. Für die Klassifikation Automobilbau
mit Großserienfertigung wird der Begriff Automobilbau synonym verwendet werden.

2.1.1 Aufgaben und Randbedingungen der mittelfristigen Fertigungssteuerung

Bei der Mengen- und Terminplanung muß zwischen einer verbrauchs-
und einer bedarfsorientierten Vorgehensweise unterschieden werden
/21,22/.
Ziel der v e r b r a u c h s o r i e n t i e r t e n V o r -
g e h e n s w e i s e ist das Ersetzen verbrauchter Mengen. Dabei kann es sich um Enderzeugnisse, Baugruppen, Eigenfertigungs-
oder Kaufteile handeln. Zum Anstoß von Fertigungs- bzw. Beschaf-
fungsaktivitäten werden Bestellpunkt- /23/ oder auch sogenannte
Behälterverfahren /24/ eingesetzt. Bei den Behälterverfahren wird
mit dem Leerwerden eines Behälters ein Auftrag über eine Behälterfüllung ausgelöst[1]. Dieses Vorgehen setzt einen gleichmäßig gros-
sen und kontinuierlichen Verbrauch voraus. Beide Voraussetzungen
sind im deutschen Automobilbau nicht gegeben /6/.
Zur Absicherung mengenmäßiger Unsicherheiten müßten deshalb Bestände vorgehalten werden. Die Annahme eines kontinuierlichen
Verbrauchs würde dazu führen, daß nach Auslauf eines Erzeugnisses
Bestände verbleiben, die nicht mehr verwendet werden können /22/.
Bei den im Automobilbau auftretenden Mengenströmen würde dieser
Aspekt eine nicht zu vernachlässigende Rolle spielen. Aus den ge-
nannten Gründen ist im Automobilbau k e i n e verbrauchsorien-
tierte Mengen- und Terminplanung realisiert.

---

1) Zu den Behälterverfahren gehört das in Japan entwickelte
   KANBAN-System /25,26,27,28/. Mit dem Leerwerden eines Behälters
   wird ein Auftrag über eine Behälterfüllung ausgelöst.
   Langsameres oder schnelleres Entnehmen durch größeren oder
   kleineren Verbrauch reguliert den Nachschub. Dabei wird entweder von einem "unendlich" großen Kapazitätsangebot (Fertigung,
   Beschaffung) ausgegangen, oder es müssen "Vorlaufzeiten" in
   Form zusätzlich umlaufender Behälter ins System eingebaut
   werden.

Für den Automobilbau kommt ausschließlich eine   b e d a r f s -
o r i e n t i e r t e   Mengen- und Terminplanung in Betracht.
Ausgangspunkt der Planungsaktivitäten ist der Primärbedarf. Der
Primärbedarf beschreibt den Bedarf an verkaufsfähigen Enderzeugnissen oder Ersatzteilen. Er resultiert aus echten Kundenaufträgen
und/oder Schätzungen des Vertriebs. In Abhängigkeit des Primärbe-
darfs muß die Herstellung der Enderzeugnisse, Baugruppen und Ei-
genfertigungsteile geplant werden.
Um die Anzahl Rüstvorgänge und damit die Rüstkosten zu senken,
liegt es nahe, die Bedarfsmengen zu größeren Losen zusammenzufas-
sen. Durch die Erweiterung des Losumfangs ergibt sich jedoch ein
Anwachsen der Lagerbestände und der damit verbundenen Lagerhaltungskosten[1]. Demnach liegen hier zwei gegenläufige Kostenent-
wicklungen vor.
Um aus den Losen machbare Fertigungsaufträge zu bilden, muß darüber hinaus die Kapazitätssituation in der Fertigung in Betracht
gezogen werden. Als Randbedingung ist dabei zunächst das K a p a -
z i t ä t s a n g e b o t [2] zu berücksichtigen. Dem steht der
K a p a z i t ä t s b e d a r f   gegenüber. Dieser ergibt sich
aus dem Zeitbedarf für Rüstvorgänge und der benötigten Bearbeitungszeit für die Losmengen. Das Kapazitätsangebot muß in der Summe auf jeder Fertigungsstufe größer oder gleich dem Kapazitätbe-
darf sein, sonst kann der Primärbedarf nicht befriedigt werden.
Lokale Kapazitätsbedarfsspitzen, die punktuell das Kapazitätsangebot übersteigen, müssen durch geeignete Maßnahmen abgetragen werden. Hierzu gehört z.B. das Rückverschieben von Mengen in Kapazi-
tätslücken. Bei diesen kapazitiv abgestimmten Losen handelt es
sich dann um F e r t i g u n g s a u f t r ä g e .

---

1) Die Lagerhaltungskosten hängen in ihrer Höhe von der Lagerbe-
   standsmenge, dem Lagerbestandswert und der Lagerungsdauer ab.
   Ein wesentlicher Teil der Lagerkosten entfällt auf die Zins-
   kosten. Durch die Bindung des Kapitals in den beschafften Gü-
   tern findet ein Verzehr der Nutzungsmöglichkeit des Kapitals
   statt /15/.
2) Die zur Verfügung stehende Fertigungskapazität ergibt sich
      a) aus der Leistungsfähigkeit der Betriebsmittel/Arbeits-
         plätze und
      b) aus der Zeit, in der die Betriebsmittel/Arbeitsplätze zur
         Verfügung stehen.
   Bezüglich einer ausführlichen Diskussion zum Kapazitätsbegriff
   siehe z.B. /29/.

Als zusätzlich zu lösende Aufgabe liegt bei K a p a z i -
t ä t s k o n k u r r e n z ein Koordinationsproblem vor. Kapazitätskonkurrenz ist dann gegeben, wenn mehrere Materialflußobjekte auf derselben Maschine/demselben Arbeitsplatz hergestellt werden. Der Kapazitätsbedarf im Fall der Kapazitätskonkurrenz ergibt
sich als Summe der Einzelkapazitätsbedarfe der konkurrierenden
Materialflußobjekte. Bei Kapazitätskonkurrenz gilt es u.a., die
Fertigungstermine aufeinander abzustimmen /12/.
Unter Kostengesichtspunkten sind Mengen- (Losbildung) und Terminplanung nicht als voneinander unabhängig zu betrachten /7/. Da ein
Betriebsmittel zu einem bestimmten Zeitpunkt immer nur von einem
Fertigungsauftrag genutzt werden kann, muß bei konkurrierenden
Aufträgen zumindest einer zu früh gefertigt werden. Der Termin
der zu frühen Fertigung hängt von der Größe des Loses ab. Durch
die terminliche Verschiebung entstehen zusätzliche L i e g e -
z e i t e n und damit zusätzliche Lagerhaltungskosten.
Die Abhängigkeiten zwischen Losgrößenbildung und Liegezeiten existieren nicht nur bei einem einzelnen Betriebsmittel (vgl. hierzu
z.B. /30/). Vielmehr hat bei einer mehrstufigen Fertigung[1] eine
Losgrößenentscheidung Auswirkungen auf sämtliche in Materialflußrichtung vorgelagerte Fertigungsstufen.

Vor dem eigentlichen Fertigungsbeginn müssen die benötigten Kauf-
teile/Rohmaterialien beschafft werden. Wie bei der Fertigung liegt
auch hier ein Mengenbildungsproblem vor. Dabei sind ebenfalls Kostengrößen zu betrachten, wobei Beschaffungskosten[2] anstelle von
Rüstkosten treten. Kapazitive Aspekte müssen in der Regel bei der
Beschaffung nicht berücksichtigt werden, da von mengenmäßig unbe-
grenzten Beschaffungsmöglichkeiten ausgegangen werden kann.

Bei der Mengen- und Terminplanung handelt es sich um einen mehrfach durchgeführten Vorgang. Deshalb sind in der Regel B e -

---

[1] Mehrstufige Fertigung: Nach der Zahl der innerhalb eines Her-
    stellungsprozesses auf unterschiedlichen Betriebsmitteln nach-
    einander durchgeführten Arbeitsvorgänge soll zwischen einstufi-
    ger und mehrstufiger Fertigung differenziert werden (vgl. hier-
    zu /31/).
[2] Hinweise auf die Entstehung und Zusammensetzung von Beschaf-
    fungskosten liefert z.B. /32/.

s t ä n d e   als Ergebnis vorangegangener Planungen zu berücksichtigen. Dies geschieht, indem zunächst versucht wird, einen angemeldeten Bedarf aus einem Bestand zu befriedigen, bevor neue Lose bzw. Aufträge gebildet werden.

2.1.2 Organisatorische Merkmale des Fertigungsprozesses im Automobilbau

A u f b a u o r g a n i s a t o r i s c h   zeichnet sich die
Großserienfertigung durch eine konsequente Gliederung des Ferti-
gungsprozesses nach dem   E r z e u g n i s p r i n z i p   aus
/15,33/. Dabei sind die Maschinen und Arbeitsplätze entsprechend
der Bearbeitungsfolge eines Produktes angeordnet. Es entsteht ein
geordneter, in eine bestimmte Richtung organisierter Materialfluß.

Neben dem Gesichtspunkt Erzeugnisprinzip sind, im Zusammenhang mit
der Aufbauorganisation, die Aspekte Kapazitätskonkurrenz und Mehrstufigkeit von Bedeutung. Die Organisation des Materialflusses
nach dem Erzeugnisprinzip bedeutet nicht, daß für jede Erzeugnis-
variante ein eigener "Fertigungspfad" existiert. Das verbietet
sich aus wirtschaftlichen Gründen. Die zur Verfügung stehenden
"Fertigungspfade" werden vielmehr von verschiedenen Materialflußobjekten, z.B. einer Produktart[1], beansprucht (siehe hierzu /4/).
Im Automobilbau liegt demnach eine Fertigung mit   K a p a z i -
t ä t s k o n k u r r e n z   vor[2].

Der Fertigungsprozess ist weiterhin   m e h r s t u f i g .   Ein-
stufigkeit würde bedeuten, daß ein Erzeugnis komplett und ohne
Zwischenlagerung hergestellt wird. Unterschiedliche und nicht aufeinander abstimmbare Leistungsmerkmale der eingesetzten Betriebsmittel machen dies unmöglich. So versorgt z.B. eine im Material-

---

1) Eine Produktart beschreibt z.B. die Zusammenfassung aller Vari-
   anten eines Fahrzeugtyps.
2) Nach der Zuordnung verschiedener Fertigungsprozesse zu denselben oder zu unterschiedlichen Betriebsmitteln differenziert man
   zwischen Wechsel- (Sukzessiv-, Alternativ-) und Parallelferti-
   gung. Sofern verschiedene Fertigungsprozesse von denselben Betriebsmitteln durchgeführt werden, müssen sie zeitlich sukzessiv ablaufen /31/.

fluß vorne liegende Pressenstraße mit extrem kurzen Stückzeiten sinnvollerweise mehrere und nicht nur eine Rohbaumontagelinie usw. /34/. Ein Materialflußobjekt durchläuft deshalb eine Reihe voneinander unabhängiger Einzelmaschinen, Arbeitsplätze und "Fertigungslinien" (vgl. Bild 1).

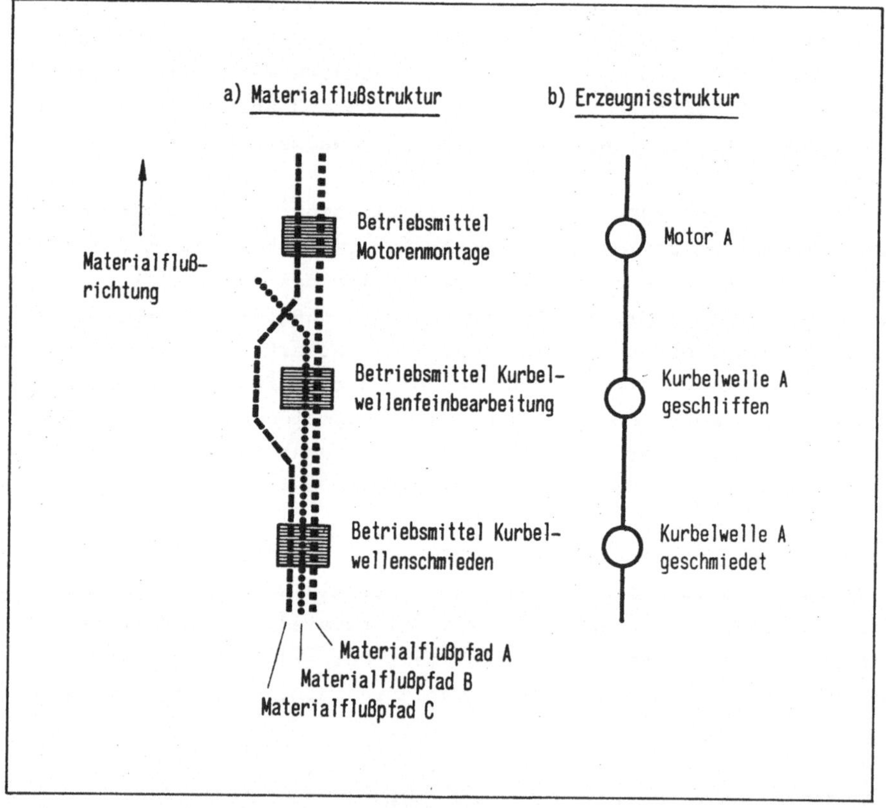

Bild 1: Wechsel in der Zusammensetzung der um ein Betriebsmittel konkurrierenden Materialflußpfade A), und Ableitung einer einzelnen mehrstufigen Erzeugnisstruktur B)

Zentraler Punkt der Betrachtung der M a t e r i a l f l u ß - /
T r a n s p o r t o r g a n i s a t i o n ist das Lager. Es ent-
koppelt benachbarte Materialflußabschnitte mit unterschiedlichen
Prozeßgeschwindigkeiten. In das Lager gelangen Mengen, die aus der
Erledigung von Aufträgen resultieren. Aus dem Lager werden Mengen
an die verwendenden Stellen weitergegeben. Die Zu- oder Abgänge
erfolgen transportbehälter- und nicht auftragsweise. Das heißt, ge-
abweichend von der Einzelfertigung werden Auftragsmengen weder geschlossen abgeliefert noch geschlossen aus dem Lager entnommen
(überlappte Fertigung). Um unnötigen Aufwand zu vermeiden, werden
dabei lediglich vollständig gefüllte Behälter transportiert. Eine
Reduzierung des Kommissionieraufwandes im Lager wird durch Auf-
oder Abrunden eines Loses auf ein ganzzahliges Vielfaches einer
Behälterfüllung erreicht. Dieses Aufrunden ist aus Kostengesichtspunkten dann von untergeordneter Bedeutung[1], wenn eine Transportbehälterfüllmenge in einem "vernünftigen" Verhältnis zu den durchschnittlichen Los- oder Auftragsmengen steht.

Die Entnahme aus dem Lager ist nach dem H o l p r i n z i p
organisiert. Diese Bereitstellart /37,38/ ist flexibler als das
Bringsystem und beispielsweise auch aufgrund der beschränkten Be-
reitstellfläche die einzig sinnvolle Vorgehensweise in der Großserienfertigung. Während beim Holsystem immer nur kurzfristig der
tatsächlich aktuell benötigte Bedarf am Lager entnommen wird, erfolgt beim Bringsystem die Entnahme am Lager laut Plan. Folge des
Bringsystems wäre eine mangelhafte Flexibilität /39/ bei der Reak-
tion auf Betriebsmittelstörungen. Denn im Fall von Störungen werden die Mengen sinnvollerweise nicht wie geplant bereitgestellt,
sondern ggf. an anderen Stellen in der Fertigung verwendet.

---

1) Das Aufrunden eines Loses bedeutet nicht, daß ein nicht vorhandener Bedarf gedeckt werden soll. Dieser Bedarf liegt tatsächlich vor. Aus wirtschaftlichen Gründen sollte er jedoch
   erst durch das nachfolgende Los befriedigt werden. Da z.B. die
   klassischen Funktionen zur Ermittlung "optimaler" Losgrößen im
   Optimum einen relativ flachen Kurvenverlauf aufweisen /35,36/,
   sind geringfügige Abweichungen zulässig.

2.1.3 Optimierungsziele der Fertigungssteuerung

Ziel eines Unternehmens ist die Gewinnmaximierung (siehe z.B.
/6/). Der mögliche Beitrag der Fertigungssteuerung zu dieser Zielerreichung besteht in einer Minimierung der von ihr zu verantwor-
tenden Kosten /9,40/.
Die Fertigungssteuerung ist für Lagerhaltungs-, Rüst-, Fehlmengenkosten und Kosten ungenutzter Kapazität verantwortlich /15/.
Auf eine Reduzierung der genannten Kostengrößen zielen die klassischen Optimierungskriterien der Fertigungssteuerung /41/:

    o Minimierung der Durchlaufzeiten,

    o Einhaltung der Liefertermine (Termintreue) und

    o maximale Kapazitätsauslastung.

Beim Ziel Durchlaufzeitminimierung wird lediglich der Aspekt Lagerhaltungskosten betrachtet. Das heißt, eine Minimierung der Ko-
stengröße Rüst- bzw. Beschaffungskosten ist in den obigen Optimierungszielen nicht berücksichtigt. Aus diesem Grund wird als gemeinsame Optimierungsgröße für Lagerhaltungs- und Rüst-/Beschaf-
fungskosten die Zielgröße - B e s t a n d s o p t i m i e -
r u n g - eingeführt. Das Optimum ist dann erreicht, wenn die
Summe aus Lagerhaltungskosten und Rüstkosten minimal ist. Der Kos-
tengröße Fehlmengenkosten steht das Ziel - Einhaltung der Liefertermine - und den Kosten für ungenutzte Kapazität das Optimie-
rungsziel - maximale Kapazitätsauslastung - gegenüber.

Beim heutigen Käufermarkt muß zwangsläufig dem Ziel Termintreue
höchste Priorität eingeräumt werden. Weiterhin tritt das Optimie-
rungsziel - hohe Kapazitätsauslastung - gegenüber dem der Bestandsoptimierung deutlich in den Hintergrund. Dies ist auf einen
insgesamt gesunkenen Auftragsbestand und ein daraus resultieren-
des, in der Summe ausreichendes Kapazitätsangebot zurückzuführen
/42,43/.

In der vorliegenden Arbeit werden deshalb die Optimierungsziele
T e r m i n t r e u e und B e s t a n d s o p t i m i e r u n g,
in der angegebenen Reihenfolge, als vordringlich relevant betrachtet.

2.2 Istsituation - der mittelfristigen Fertigungssteuerung - im Automobilbau

In diesem Kapitel werden funktionale und instrumentelle Gesichtspunkte der im Automobilbau eingesetzten mittelfristigen Fertigungssteuerungssysteme beschrieben und die dort vorliegenden Problemstellungen diskutiert. Die Problemdiskussion nimmt Bezug zu den in Kapitel 2.1 aufgezeigten Aufgabenstellungen, organisatorischen Merkmalen und Optimierungszielen.

2.2.1 Funktionale und instrumentelle Merkmale

In /7/ sind wesentliche Merkmale eines für den Automobilbau mit Großserienfertigung repräsentativen Systems zur mittelfristigen Fertigungssteuerung wie folgt beschrieben:

a) Einstufige Sekundärbedarfsermittlung für sämtliche Materialflußobjekte (Baugruppen, Aggregate, Einzelteile, Arbeitsvorgänge, Rohmaterialien und andere Kaufteile) der Planungsstruktur,

b) Los- oder Auftragsbildung ohne Kapazitätsbetrachtung und

c) Zyklische Aufgabendurchführung.

Ausgangspunkt der Planungsaktivitäten ist der Primärbedarf. Aus diesem wird e i n s t u f i g der abhängige Bedarf an Kaufteilen, Einzelteilen, Baugruppen usw. abgeleitet (S e k u n d ä r b e d a r f) . Einstufig bedeutet, daß von der Planung das mögliche Vorliegen einer mehrstufigen Materialflußstruktur ignoriert wird. Bild 2 weist diese Situation aus, wobei Bild 2a die einstufige Planungsstruktur wiedergibt. Diese suggeriert, daß die Elemente B, C und D direkt vom Enderzeugnis A verbraucht werden. Tatsächlich aber entsteht A n u r m i t t e l b a r aus den Materialflußobjekten C und D (vgl.Bild 2b).
Der Sekundärbedarf errechnet sich einerseits durch Multiplikation der Primärbedarfsmengen mit einem, das Verbrauchsverhältnis repräsentierenden Faktor. Andererseits findet eine Rückverschiebung

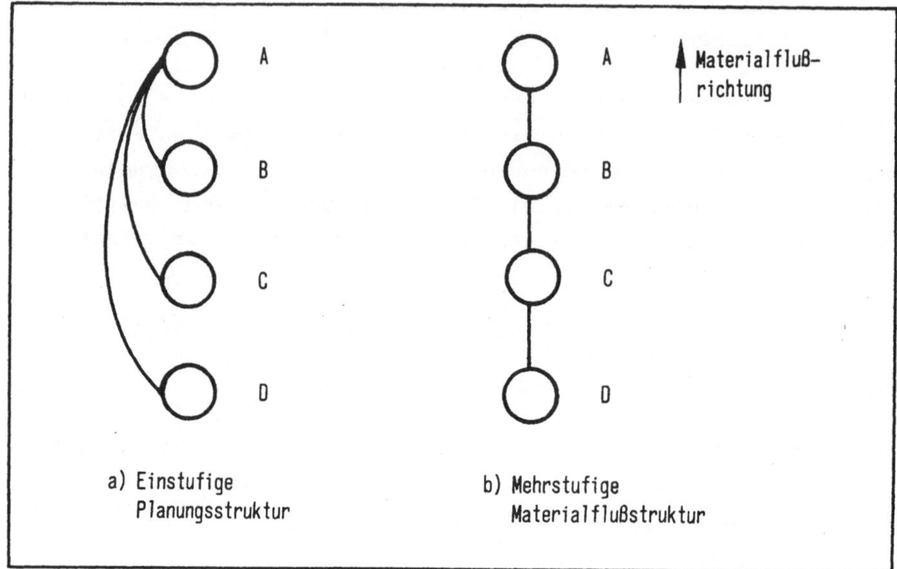

Bild 2: Gegenüberstellung von einstufiger Planungs- und mehrstufiger Materialflußstruktur am Beispiel des Enderzeugnisses A (Vereinfachung: lineare Fertigungsstruktur)

dieser Mengen in Richtung Heutezeitpunkt[1] mittels einer strukturspezifischen V o r l a u f z e i t statt. Die Vorlaufzeit beschreibt den Zeitraum, der für die Umsetzung des Sekundärbedarfs in Enderzeugnisse veranschlagt wird.

Der Sekundärbedarfsermittlung folgt im zeitlichen Ablauf eine Losbildung. Bei der Losbildung findet für das jeweils betrachtete Materialflußobjekt ein Ausgleich zwischen Lagerhaltungs- und Rüstkosten statt[2]. Dabei wird zunächst von einer unendlich großen Fertigungskapazität ausgegangen. Das bedeutet, die "optimalen Lose" berücksichtigen k e i n e Kosten, die sich ggf. aus einer nachfolgenden Einbeziehung der Kapazitätssituation ergeben könnten.

---

1) Beim Heutezeitpunkt handelt es sich um den aktuellen "Planungstermin". Die Planung muß grundsätzlich, mit einem bestimmten zeitlichen Vorlauf, vor dem Bedarfszeitpunkt eines Enderzeugnisses stattfinden. Dieser Zeitraum wird für die Beschaffung der Rohmaterialien/Kaufteile und die Fertigung der Enderzeugnisse über alle Stufen benötigt.
2) Bezüglich der dabei verwendeten Algorithmen siehe z.B. /44,45/.

Im Anschluß an die Losbildung (Menge, Liefertermin) versucht eine
Funktion Terminplanung eventuelle Kapazitätsengpässe zu beseitigen. In /46,47/ wird eine im Automobilbau praktizierte Terminplanung beschrieben. Die Umsetzung der Lose in Fertigungsaufträge geschieht demnach wie folgt:

- Ermittlung der Grenztermine für sämtliche um ein Betriebs-
  mittel/einen Arbeitsplatz konkurrierende Materialflußobjekte; der Grenztermin ist dann erreicht, wenn der vorhan-
  dene Bestand durch den geplanten Verbrauch (= Bedarf) auf-
  gezehrt ist.
- Das Los mit dem heutenächsten Grenztermin wird als erstes
  an der Heutelinie unter dem Kapazitätsangebot eingeplant.
  Die anderen Aufträge schließen sich lückenlos in der Reihenfolge ihrer Grenztermine an.
- Eine geplante Einlastung wird dann bis zur nächsten zyklischen Neuplanung nicht mehr geändert.

Neben funktionalen Aspekten ist bei einer Betrachtung der Istsituation auch der instrumentelle Gesichtspunkt der zyklischen Aufgabendurchführung von Bedeutung. Die Aufgaben der Mengen- und Terminplanung werden in regelmäßigen Abständen (monatlich, wöchent-
lich) wiederholt. Ergebnis einer Planung sind jeweils neue Be-
schaffungs- und Fertigungsaufträge. Sie bleiben dann bis zum nächsten zyklisch angestoßenen Planungslauf unverändert gültig.

2.2.2 Problemdiskussion

Um das oben skizzierte mittelfristige Fertigungssteuerungssystem
zu beurteilen, werden folgende Problemstellungen, bzw. deren Ursachen näher beleuchtet:

I. Hohe Durchlaufzeiten

Der Grund für das oben angesprochene Problem wird bei einer nähe-
ren Betrachtung der Vorgehensweise bei der Sekundärbedarfsermittlung deutlich. Charakteristisch ist die (einstufige) Ableitung der
Bedarfstermine aus dem Primärbedarf mit Hilfe fixer Vorlaufzeiten.

Zur Verdeutlichung der resultierenden Problemstellung wird beispielhaft eine dabei verwendete Durchlaufzeit bestimmt (siehe Bild 3). Es gelten die folgenden Annahmen:

- Bestand = Null
- Der Primärbedarf wird nicht durch Bedarfszusammenfassung in mengenmäßig veränderte Lose umgesetzt.

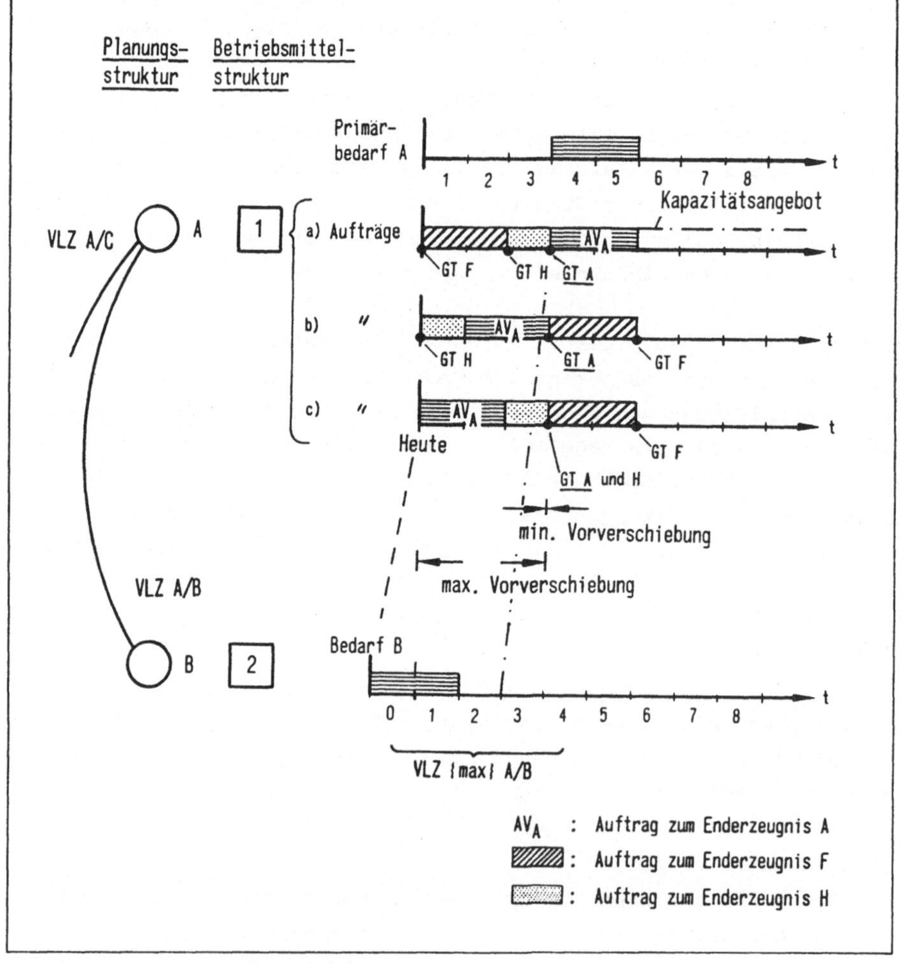

Bild 3: Ableitung der Vorlaufzeit VLZ A/B: = VLZ{max} A/B zwischen den Materialflußobjekten A und B (vgl. Bild 2)

- Eine Sekundärbedarfsmenge wird einen Planungszeitabschnitt
  vor dem eigentlichen "Verbrauchstermin" bereitgestellt.
  Der Begriff Planungszeitabschnitt bezeichnet ein einzelnes
  Zeitelement (z.B. Schicht) in einem äquidistanten Zeit-
  rastermodell.

Gegeben ist ein Primärbedarf am Enderzeugnis A in den Planungszeitabschnitten 4 und 5. Daraus resultiert ein Bedarf am, in Materialflußrichtung vorgelagerten, Materialflußobjekt B. Dieser muß
eine bestimmte Zeit vor der Auslieferung eines Auftrages (AV_A) bezüglich des Materialflußobjekts A bereitgestellt werden. Der benötigte zeitliche Vorlauf leitet sich aus der aktuellen Kapazitätssituation ab. In Abhängigkeit von der Kapazitätskonkurrenz ergeben
sich die unterschiedlichsten Belegungszustände (Einplanung von
Fertigungsaufträgen). In den Beispielen a), b) und c) in Bild 3
liegen für das Betriebsmittel 1 drei verschiedene Belegungszustände vor. Während nämlich der Grenztermin (GT) für den Auftrag
AV_A unverändert bleibt, variieren beispielhaft die Grenztermine
der ebenfalls um das Betriebsmittel 1 konkurrierenden Erzeugnisse
H und F.
Im Fall a) ergibt sich eine Auftragsreihenfolge, bei der die
Grenztermine und Auftragsstarttermine jeweils übereinstimmen. Bei
b) wandert der Fertigungsauftrag AV_A in Richtung Heutezeitpunkt,
weil dies die lückenlose Auftragsreihung verlangt. Im Beispiel c)
rückt der Auftrag AV_A zum Materialflußobjekt[1] A bis an die Heutelinie. Ursache dafür ist der aktuelle Kapazitätskonflikt mit dem
Auftrag zum Materialflußobjekt H und die lückenlose Vorwärtstermi-
nierung.

Für die Festlegung einer Vorlaufzeit bedeutet dies allgemeingültig
nun folgendes:
Weil sich die Sekundärbedarfsermittlung auf kapazitiv n i c h t
eingeplante/abgestimmte Mengen bezieht, muß die Vorlaufzeit Zeit-
anteile zur Bewältigung der Fertigungsaufgaben und zur Beseitigung
möglicher Kapazitätsengpässe beinhalten. Da weiterhin die Liefertermine aufgrund des Zieles Termintreue unbedingt eingehalten wer-

---

1) Die Begriffe Enderzeugnis, Erzeugnis und Materialflußobjekt
   werden synonym verwendet.

den müssen, ist in der Vorlaufzeit die denkbar ungünstigste Kapazitätssituation (worst case) abzubilden. Im Beispiel in Bild 3 ist das der Fall c). Die Orientierung am "worst case" führt zwangsläufig dazu, daß die Bedarfsmengen in der Mehrzahl der Fälle (siehe a) und b)) zu früh bereitgestellt werden und damit u n n ö t i g h o h e   D u r c h l a u f z e i t e n   entstehen.
Die aufgezeigten negativen Wirkungen verstärken sich ggf. bei Vorlaufzeiten, die einstufig über mehrere Fertigungsstufen hinweg reichen (vgl. Bild 3 VLZ A/C).

II. Exakte Bestandsabgrenzung

Bei dem an einem Materialflußobjekt angemeldeten Bedarf handelt es sich um den   B r u t t o b e d a r f .   Er kann ggf. teilweise oder ganz aus einem zum Planungszeitpunkt bereits vorliegenden Bestand befriedigt werden. Deshalb muß lediglich die Differenz zwischen dem Bruttobedarf und dem vorhandenen Bestand gefertigt bzw. beschafft werden. Bei der Differenz handelt es sich um den N e t t o b e d a r f .   Um nun einerseits die Liefertermine einhalten zu können und andererseits die Bestände nicht unnötig anwachsen zu lassen, ist die   a k t u e l l e   und   g e n a u e Kenntnis der vorhandenen Bestandsmengen notwendig.
Die exakte Bestandsabgrenzung und die davon abhängige Nettobedarfsermittlung bereiten als Folge der einstufigen Planung erhebliche Schwierigkeiten. Um diese aufzeigen zu können, muß zunächst die Art der Bestandsführung bei einstufiger Planung hergeleitet werden; üblicherweise (mehrstufige Planung) werden Bestände für p h y s i s c h   i d e n t i s c h e   Objektzustände geführt.
Demzufolge gibt es Bestände jeweils für definierte Einzelteile, Baugruppen, Rohmaterialien usw. Eine solche   z u s t a n d s b e z o g e n e   Bestandsführung ist bei einer einstufigen Planung nicht gegeben und auch nicht zulässig. Am Beispiel in Bild 4 wird dies begründet.
Für das Enderzeugnis A liegt ein Auftrag über 100 Stück vor. Dieser löst parallel Bedarf an den Materialflußobjekten B und C aus. Nach einem Abgleich mit den Beständen aus einer zustandsorientierten Bestandsführung folgt die in Bild 5 ausgewiesene Situation.

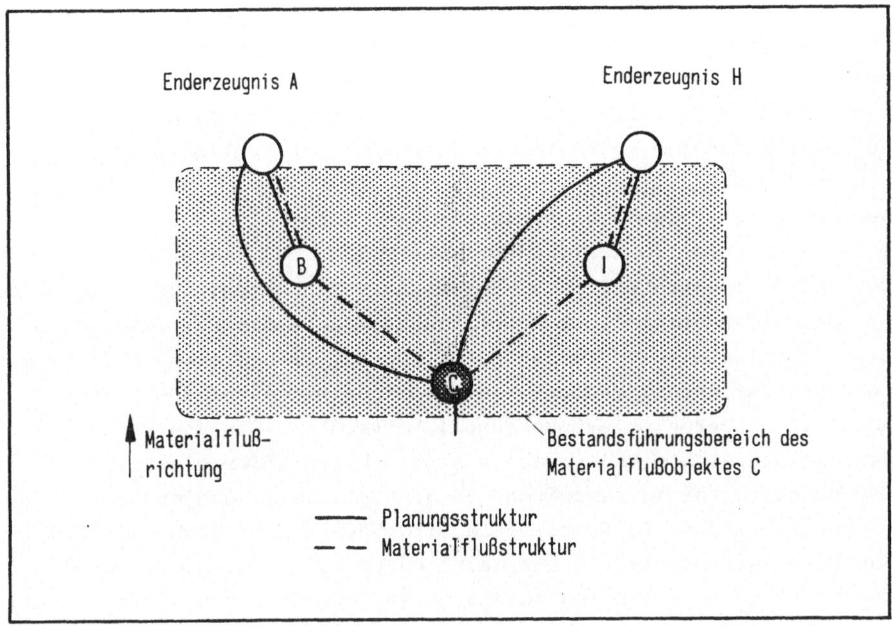

Bild 4: Ganzheitliche Bestandsführung für das Materialflußobjekt C

	Auftragsmenge	Bruttobedarf	Bestand	Nettobedarf
Materialflußobjekt A	100			
Materialflußobjekt B		100	100	0
Materialflußobjekt C		100	0	<u>100</u>

Bild 5: Ableitung des Nettobedarfs an den Materialflußobjekten
B und C bei einstufiger Bedarfsermittlung und zustands-
orientiert geführten Beständen (Mengenverhältnis jeweils
1 : 1)

Für das Materialflußobjekt C ergeben sich Nettobedarfe, die bereits durch den Bestand des Materialflußobjektes B abgedeckt sind. Ursache für die ungerechtfertigte Bedarfsanmeldung bei zustandsorientierter Bestandsführung ist die einstufige Planung. Hierbei werden alle Materialflußobjekte direkt angesprochen, ohne daß die auf Zwischenstufen gelagerten Bestände Berücksichtigung finden können.

Bei der einstufigen Planung ist deshalb eine   g a n z h e i t - l i c h e   Bestandsführung realisiert[1]. Dabei reicht der Bestandsführungsbereich z.B. des Materialflußobjektes C (vgl. Bild 4) von dessen erstmaliger Identifikation nach der Fertigstellung bis zur Erfassung des fertiggestellten Enderzeugnisses. Der gesamte Bestandsführungsbereich wird als ein einziges großes Lager (jedoch mit mehreren Objektzuständen) betrachtet. Ein Bestandszugang, beispielsweise zum Enderzeugnis A, muß mittels der einstufigen Planungsstruktur in Verbräuche an den Materialflußobjekten B und C umgesetzt werden. Im Beispiel in Bild 5 errechnet sich damit für das Materialflußobjekt C ein Nettobedarf von 0, weil die für C ganzheitlich geführte Bestandsmenge (= 100) den Bestand im Zustand des Materialflußobjekts B enthält (vgl. Bild 5).

Aus einer ganzheitlichen Bestandsführung resultiert jedoch, bei Mehrfachverwendung eines Materialflußobjekts, das Problem einer exakten Bestandsabgrenzung. Zur Verdeutlichung der Problemstellung dient folgendes Beispiel:

Die Ausgangssituation dazu liefert Bild 4. Dort werden im Bestandsführungsbereich des Materialflußobjekts C prinzipiell Bestände sowohl im unveränderten Zustand C als auch in den Objektzuständen B und I geführt. Ein Rückschluß auf die enthaltenen Teilmengen ist als Folge der einstufigen Planungsstruktur dabei grundsätzlich nicht möglich. Wird nun zum Beispiel, verursacht durch einen Auftrag zum Enderzeugnis H (siehe Bild 4), ein Bruttobedarf an C ausgelöst, so kann dieser im Einzelfall durch den ganzheitlich geführten Bestand abgedeckt sein. Es werden somit k e i n e Aufträge für C gebildet. Befinden sich dann "zufällig" alle im Bestandsführungsbereich erfaßten Mengen im Objektzustand B, kann

---

1) Die ausführliche Hinleitung zur ganzheitlichen Bestandsführung war notwendig, weil keine diesen Sachverhalt aufzeigenden zitierbaren Quellen vorliegen.

das verbrauchende Materialflußobjekt I nicht bedient werden. Die
Folge ist, daß die geplanten Aufträge zum Materialflußobjekt H
nicht termingerecht fertiggestellt werden können.

III. Planungsaktualität

Bei der zyklischen Planung werden die Aufgaben der Fertigungssteuerung (Mengen- und Terminplanung) in gleichmäßigen Abständen
wie einer Woche oder einem Monat durchgeführt. Ergebnis sind neue
Fertigungs- und Beschaffungsaufträge für einen definierten Planungshorizont.
Setzt man voraus, daß die Planungsergebnisse auf der Basis aktueller Daten erstellt wurden, so liegen zeitlich direkt im Anschluß
an die Planung machbare und ggf. qualitativ gute Planvorgaben vor.
Sie gelten auch dann noch, wenn sich infolge des zeitlichen Fort-
schreitens die Heutelinie vom Planungszeitpunkt entfernt. Dies ist
in Ordnung, solange sich an den der Planung zugrunde liegenden Daten k e i n e   u n g e p l a n t e n   V e r ä n d e r u n -
g e n   ergeben. Treten diese jedoch auf, verlieren die Planvorgaben an Aktualität und Güte. Bei den oben angesprochenen Verände-
rungen handelt es sich beispielsweise um Bedarfsänderungen oder
auch Störungen (z.B. Kapazitätsausfall usw.) auf der operativen
Ebene. Einige der Folgen des Beibehaltens von veralteten Vorgaben
bis zum nächsten Planungszeitpunkt sind:

1. Eine Fertigung von Auftragsmengen, für die temporär keine
   Bedarfe (Bedarfssenkung) mehr vorliegen (unnötiger Be-
   standsaufbau).
2. Eine mangelhafte Lieferbereitschaft oder Termintreue bei
   gestiegenem Bedarf (die gefertigten Mengen sind zu
   gering) usw.

Die vorausgegangene Betrachtung der im Istzustand auftretenden
Probleme zeigt deutlich, daß die Aufgaben der mittelfristigen Fertigungssteuerung im Moment nur unbefriedigend gelöst werden. Dies
äußert sich in hohen Beständen (= hohen Durchlaufzeiten) und/oder
in einer mangelhaften Termintreue.

2.3 Einsatz anderer bekannter Fertigungssteuerungssysteme zur Problemlösung

Es ist nun zu untersuchen, ob sich die angesprochenen Probleme auch beim Einsatz a n d e r e r bekannter bedarfsorientierter Fertigungssteuerungssysteme[1] ergeben. Die Beschreibung und Bewertung dieser Systeme beschränkt sich im wesentlichen auf die in Kapitel 2.2 aufgezeigten funktionalen und instrumentellen Schwachstellen, die als Ursachen für die aufgezeigten Problemstellungen erkannt wurden.

- Mengen- und Terminplanung

Ausgangspunkt der Mengen- und Terminplanung ist bei den betrachteten Systemen der Primärbedarf.

In einer schrittweisen m e h r s t u f i g e n Vorgehensweise (vgl. Bild 6) werden im Rahmen der Mengenplanung zunächst für alle Stücklistenelemente, mit Ausnahme der Enderzeugnisse, Lose und Sekundärbedarfe über den Planungshorizont errechnet. Bei einem Stücklistenelement handelt es sich entweder um ein Enderzeugnis, eine Baugruppe, ein Eigenfertigungsteil oder ein Kaufteil/Rohmaterial, nicht jedoch um einen Objektzwischenzustand (Arbeitsvorgang) beispielsweise innerhalb der Teilefertigung /49/.

Einer Losbildung ist jeweils ein Bestandsabgleich (Nettobedarfsermittlung) vorgeschaltet. Die Zusammenfassung des Nettobedarfs zu Losen erfolgt über fest vorgegebene Mengen oder mit Hilfe bekannter Verfahren zur Bildung "kostenoptimaler" Beschaffungs- bzw. Fertigungslose /44,50,51,52/. Bei der Losbildung werden k e i n e   k a p a z i t i v e n   G e s i c h t s p u n k t e betrachtet; es ergeben sich Lieferaufträge nach Menge und Termin.

---

1) Es handelt sich hier um eine Beschreibung von Materialwirtschaftssystemen wie COPICS, PICS, MOSCOR, DISPO und Zeitwirtschaftssystemen wie CAPOSS, MIACS, MIMS, PS, PIUSS, MAC-PAC, MM/PM 3000 und AMAPS. Die Begriffe Material- und Zeitwirtschaft werden in der Literatur synonym zu den Begriffen Mengen- und Termin-/Reihenfolgeplanung verwandt (siehe z.B /48/).

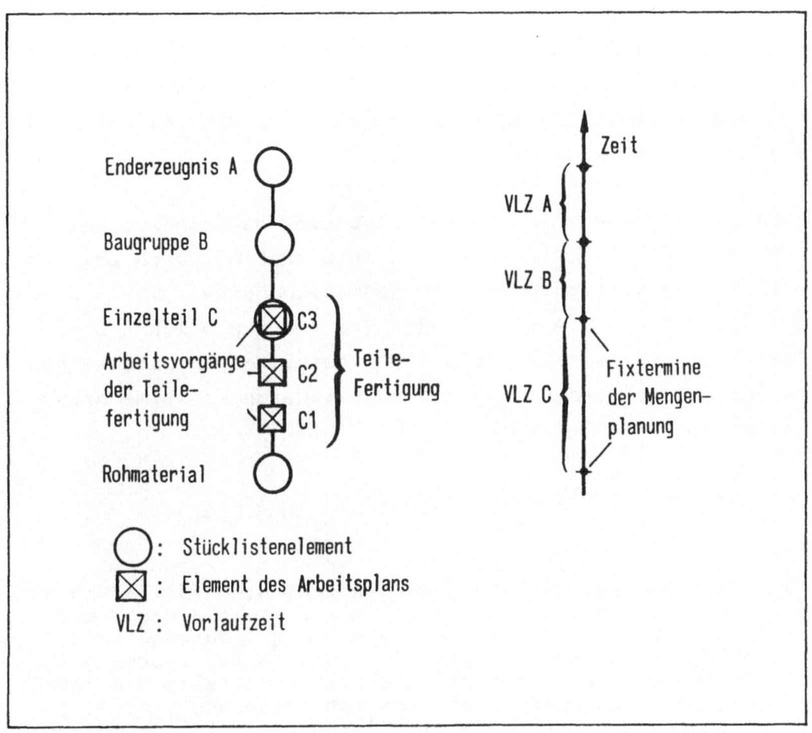

Bild 6: Ausschnitt aus einer mehrstufigen Stückliste ergänzt
um die Arbeitsvorgänge der Teilefertigung

Um gegebenenfalls Kapazitätskonflikte in der Fertigung beseitigen
zu können, wird bei der Bedarfsermittlung der Zeitraum zwischen
Vormaterialbereitstellung und geplanter Ablieferung eines Auftrages großzügig dimensioniert (siehe Istsituation in Kapitel 2.2).
Es handelt sich bei der dabei verwendeten Zeitgröße (V o r -
l a u f z e i t) um ein m e n g e n u n a b h ä n g i g e s
Stammdatum. Diese repräsentiert einen erwarteten Zeitbedarf zur
Herstellung eines Fertigungsauftrages.
An eine für alle Stücklistenelemente durchgeführte Mengenplanung
schließt sich die Einplanung der gebildeten Lose auf die zur Ver-
fügung stehenden Maschinen/Arbeitsplätze an. Ziel der Terminpla-

nung[1] ist es, die in der Mengenplanung errechneten Lieferaufträge, unter Berücksichtigung der aktuellen Kapazitätssituation, so in Fertigungsaufträge umzusetzen, daß die vorgegebenen Termine (Bereitstellung Vormaterial, Ablieferung Primärbedarf) nicht verletzt werden (vgl. Bild 6). Hierbei werden auch die zuvor bei der Mengenplanung ausgesparten Arbeitsvorgänge z.B. der Teilefertigung berücksichtigt.

Die geschilderte Vorgehensweise zeichnet sich dadurch aus, daß, wie in der in Kapitel 2.2 skizzierten Istsituation, auch bei den hier betrachteten Fertigungssteuerungssystemen eine T r e n - n u n g von M e n g e n - und T e r m i n p l a n u n g realisiert ist. Dies wird in /55,56,57/ bestätigt; danach weisen alle, in der Praxis bekannten Fertigungssteuerungssysteme diese Trennung auf[2].

---

1) Die Aufgaben der Terminplanung werden z.B. nach /53,54/ in den Schritten D u r c h l a u f t e r m i n i e r u n g und K a p a z i t ä t s t e r m i n i e r u n g durchgeführt. Von der Durchlaufterminierung werden für jeden Arbeitsvorgang in der Teilefertigung bestimmte Plantermine ermittelt. Die dabei verwendete Durchlaufzeit setzt sich aus folgenden vier Komponenten zusammen: Bearbeitungszeit, Transportzeit, Kontrollzeit und Liegezeit; bezüglich der Methoden und Vorgehensweise bei der Durchlaufterminierung siehe z.B. /54/. Die Arbeitsvorgänge müssen innerhalb der vorgegebenen Grenzen der Mengenplanung (Materialwirtschaft) eingeplant werden. Die Termine der Durchlaufterminierung sind nur dann realistisch, wenn bei der Durchführung der Arbeitsvorgänge die Kapazitäten (Einzelmaschinen, Maschinengruppen) zu keinem "Zeitpunkt" überbeschäftigt sind. Da eine solche Situation in der Praxis nur in Ausnahmefällen vorkommt, müssen die Termine der Durchlaufterminierung, hinsichtlich ihrer kapazitiven Realisierbarkeit, überprüft werden. Bei Überbeschäftigung der Kapazitäten werden Arbeitsvorgänge zeitlich verschoben. Hinsichtlich der Methoden und Vorgehensweisen bei der Kapazitätsterminierung siehe z.B. /54/. Ergebnisse der Kapazitätsterminierung sind kapazitativ abgestimmte Fertigungsaufträge zu Arbeitsvorgängen innerhalb der von der Mengenplanung gesetzten terminlichen Grenzen.

2) Stellvertretend für andere Fertigungssteuerungssysteme sei hier auf die IBM-Systeme COPICS und CAPOSS verwiesen: "Die Ergebnisse der Materialbedarfsplanung (COPICS) sind geplante (Liefer-)Aufträge /58/. Die Fertigungs- und Kapazitätsplanung (CAPOSS-E vgl. hierzu /59/) überprüft daraufhin die Auswirkungen der von der Materialbedarfsplanung generierten Aufträge auf die Produktionskapazitäten und bilden Fertigungsaufträge".

Das bedeutet, daß das in Kapitel 2.2 aufgezeigte Problem h o -
h e r   D u r c h l a u f z e i t e n , als Folge einer mangelhaften Abstimmung zwischen geplantem Verbrauch und Bedarfsbereit-
stellung, auch durch einen Einsatz anderer bekannter Fertigungssteuerungssysteme nicht gelöst werden kann.

Dagegen tritt hier kein Problem der exakten Bestandsabgrenzung
auf. Es werden ausschließlich zustandsbezogene Bestände geführt;
dies ermöglicht die mehrstufige Planung.
Weil jedoch die Mengenplanung eine Stückliste zugrundelegt, können
nur die dort enthaltenen Elemente berücksichtigt werden. Daraus
folgt, daß für die einzelnen Arbeitsvorgänge z.B. in der Teilefertigung (vgl. Bild 6) keine detaillierte Betrachtung (Bedarfsermittlung, Mengenzusammenfassung, Bestandsführung usw.) möglich
ist. Es liegt demnach eine Einschränkung der Planungsgenauigkeit
und damit auch der Planungsgüte vor.
Weiterhin genügt, trotz mehrstufiger Planung, die Bestandsführung
in konventionellen Fertigungssteuerungssystemen nicht den Bedürf-
nissen der Großserienfertigung. Diese verlangt nach einer Führung
der Bestände auch außerhalb der physischen Läger (siehe die Anmer-
kungen zum Holprinzip in Kapitel 2.1.2). Der Grund hierfür ist die
starke Orientierung der konventionellen Fertigungssteuerungssysteme an der Einzel- und Kleinserienfertigung /60/. Dies zeigt sich
deutlich an den Bestandsführungsalternativen, die diese Systeme
bieten /61/:

a) Es werden ausschließlich Lagerbestände oder
b) es wird ein erweiterter Lagerbestand geführt; dieser enthält neben dem körperlichen Lagerbestand diejenigen Mengen, die kommissioniert und zur Herstellung freigegebener
   Aufträge aus dem Hauptlagerort an die Fertigung ausgege-
   ben wurden[1].

---

1) Die aufgezeigten Vorgehensweisen sind in der Einzelfertigung
   praktikabel, weil die Mengen für einen bestimmten Kundenauftrag
   beschafft und für diesen dann auch kommissioniert am Lager aus-
   gegeben werden. Eine "unkontrollierte" Entnahme wie beim Holprinzip tritt nicht auf.

Für die Großserienfertigung sind beide Vorgehensweisen nicht geeignet. Im Fall von a) gehen Mengen "verloren", während bei der Entnahme aus dem Lager nach dem Holprinzip kein Kommisionieren notwendig ist.

- Aufgabendurchführung

Eine zyklische Aufgabendurchführung ist bei den hier betrachteten Fertigungssteuerungssystemen die Regel /62/. Die typischen Zeitspannen zwischen zwei Planungsläufen für Mengen- und Terminplanung sind Monatsperioden /63/. Diese verhältnismäßig langen Zyklen sind als Folge des sehr hohen Aufwandes für eine hier übliche vollständige Neuplanung zu verstehen. Das Problem der Aktualität wird somit nicht gelöst.

Durch den Ansatz einer e r e i g n i s o r i e n t i e r t e n A u s l ö s u n g [1] kann eine Planung für die gesamte Produktstruktur vermieden werden. Zugunsten einer h ö h e r e n " P l a n u n g s a k t u a l i t ä t " werden dabei nur diejenigen Materialflußobjekte planerisch erfaßt, für die eine Notwendigkeit (Ereignis) vorliegt. Auslöser für eine Änderungsrechnung sind bei den realisierten Anwendungen ausschließlich Primärbedarfsänderungen /48/. Auch diese Einschränkung auf Primärbedarfsänderungen macht die Orientierung der bekannten Fertigungssteuerungssysteme an der Einzel- und Kleinserienfertigung deutlich. Dort mag gegebenenfalls die Annahme zulässig sein, daß kein Ausschuß als möglicher Auslöser für eine Änderungsrechnung anfällt. Oder es tritt hier kein V o r g r i f f auf, bei dem, abweichend vom Plan, eine zu große Auftragsmenge gefertigt wird. Dies ist bei Großserienfertigung jedoch z.B. zwangsläufig immer dann der Fall, wenn aus fertigungstechnologischen Gesichtspunkten ein Coil[2] aufgebraucht werden muß. Das macht eine Korrektur der nachfolgenden Aufträge notwendig, sofern nicht unnötig hohe Bestände entstehen sollen. In der Einzelfertigung kann die geschilderte Problemstellung nicht auftreten, weil hier einerseits stückgenau

---

[1] In der Literatur ist die ereignisorientierte Auslösung der Mengenplanung unter dem Begriff "net-change" bekannt (siehe hierzu /64, 65/).

[2] Definition Coil /65/: Dünnes aufgewickeltes Walzblech, das z.B. im Automobilbau zur Herstellung von Karosserieteilen verwendet wird.

produziert wird und andererseits in der Zukunft keine weiteren
Aufträge vorliegen, die korrigiert werden könnten.

Die Beschränkung auf Primärbedarfsänderungen als auslösendes Ereignis ist auch vor dem Hintergrund der im System eingebauten
Zeitpuffer zu sehen. Diese Zeitpuffer wurden in Form überdimen-
sionierter Vorlaufzeiten eingeführt. In der Praxis wird davon
ausgegangen, daß z.B. Kapazitätsveränderungen oder Betriebsmittelstörungen von diesen Zeitpuffern "aufgefangen" werden.

- Fazit
Als elementare Schwachstellen der im Automobilbau eingesetzten
Fertigungssteuerungssysteme wurden die Trennung von Mengen- und
Terminplanung, die einstufige Planung und die zyklische Aufgabendurchführung erkannt. Durch eine Übernahme der am Markt verfügbaren bedarfsorientierten Fertigungssteuerungssysteme können die
aufgezeigten Schwachstellen und die daraus resultierenden Probleme
n i c h t behoben werden. Es wird dort zwar mehrstufig geplant,
jedoch nur für Stücklistenelemente. Aufgrund der Orientierung dieser Systeme an der Einzel- und Kleinserienfertigung ist ausschließlich eine Lagerbestandsführung oder eine, um kommissionier-
te Auftragsmengen erweiterte Lagerbestandsführung möglich.
Einen Ansatz zur Beseitigung von Problemen liefert das Änderungsrechnungskonzept. Doch ist es in seiner augenblicklichen Ausrichtung ausschließlich auf die Bedürfnisse der Einzel- und Kleinserienfertigung zugeschnitten. Weil ein optimales Fertigungssteuerungssystem keine "Zeitpuffer" aufweisen darf, muß dort z.B. auch
sofort auf ungeplante Veränderung der Kapazitätssituation reagiert
werden.

3 Anforderungen an ein Fertigungssteuerungssystem für den Automobilbau

In Kapitel 2 wurde die Notwendigkeit zur Entwicklung eines Fertigungssteuerungssystems nachgewiesen, das den Zielen der **T e r - m i n t r e u e** und der **B e s t a n d s o p t i m i e - r u n g** [1] gerecht wird.

Dazu ist es notwendig, daß die mit den obigen Zielen verknüpften Aufgaben besser gelöst werden als bei den bekannten Systemen. Als erster Schritt hierzu sind die in der Istsituation vorliegenden Schwachstellen zu beseitigen; damit sind gemeint: die Trennung von Mengen- und Terminplanung, die einstufige Planung und die zyklische Aufgabendurchführung. Darüber hinaus gilt grundsätzlich für alle zu entwickelnden Systemelemente die Anforderung, den Zielen nach Termintreue und optimaler Bestandshöhe zu genügen. Als Randbedingungen für die Systementwicklung sind weiterhin die spezifischen Organisationsmerkmale des Automobilbaus zu beachten.

3.1 Funktionale Anforderungen

3.1.1 Integration von Mengen- und Terminplanung

Die exakte Abstimmung zwischen Vormaterialbereitstellung und -verbrauch erfordert eine Ableitung der Sekundärbedarfe aus kapazitiv abgestimmten Aufträgen. Eine Integration von Mengen- und Terminplanung zeichnet sich demnach durch folgende Merkmale aus:

1. der Auftragsbildung mit gleichzeitiger Betrachtung kapazitiver Gesichtspunkte (ergibt Fertigungsaufträge) und

2. der Ableitung der Sekundärbedarfe aus Fertigungsaufträgen.

---

1) Definition Termintreue: terminliche und mengenmäßige Sicherstellung der geplanten Primärbedarfe oder Kundenaufträge. Hierbei wird davon ausgegangen, daß die Aufträge/Primärbedarfe grundsätzlich rechtzeitig bekannt sind, um sie durch Beschaffung und Fertigung befriedigen zu können.
Definition Bestandsoptimierung: Erreichen von, unter Kostengesichtspunkten, optimalen Beständen.

- Kapazitätsorientierte Auftragsbildung

Zur kapazitätsorientierten Auftragsbildung sind prinzipiell zwei grundsätzlich verschiedene h e u r i s t i s c h e Vorgehensweisen[1] denkbar. Es ist dabei zwischen einem auftragsweisen und einem betriebsmittelweisen Vorgehen zu unterscheiden. Aufgrund der gegebenen organisatorischen Randbedingungen bei der Großserienfertigung muß die auftragsweise Vorgehensweise[2] nicht näher betrachtet werden. Sie weist schwerwiegende Nachteile gegenüber der betriebsmittelweisen Planung auf.

Bei der b e t r i e b s m i t t e l w e i s e n Auftragsplanung steht eine zu belegende Maschine oder ein Arbeitsplatz im Vordergrund. Auf sie werden quasi gleichzeitig alle konkurrierenden Materialflußobjekte und deren Aufträge verplant. Erst n a c h der Bildung sämtlicher auf dem Betriebsmittel herzustellender Fertigungsaufträge werden davon die Sekundärbedarfe abgeleitet.

---

1) Theoretisch könnte zwar über die Enumeration aller zulässigen Betriebsmittelbelegungspläne eine optimale Lösung über alle Materialflußobjekte erzielt werden. Dies scheidet bei realen Problemen jedoch wegen der extrem hohen Zahl an möglichen Belegungen aus /66,67/.
2) Bei der auftragsweisen Planung wird jeweils ein einzelner Kundenauftrag betrachtet. Dieser wird, entgegengesetzt zur Materialflußrichtung, Arbeitsvorgang für Arbeitsvorgang auf die benötigten Betriebsmittel/Arbeitsplätze eingeplant. Nachdem der erste Auftrag vollständig verplant ist, folgt der nächste. Dieser wird ebenfalls über alle Arbeitsvorgänge eingelastet, wobei neben dem Kapazitätsangebot die aktuelle Kapazitätsbelegung als Ergebnis der vorausgegangenen Auftragseinplanung (Restriktion) berücksichtigt werden muß. Aufgrund der geschilderten Vorgehensweise ist z.B. keine Bedarfszusammenfassung möglich. Dies deshalb, weil auf einem zu betrachtenden Betriebsmittel eine Zusammenlegung ggf. durch einen Arbeitsvorgang zu einem anderen Kundenauftrag blockiert ist. Die Materialflußströme verzweigen sich damit bei der auftragsweisen Planung nicht, d.h. alle Mengen sind auf den Ursprungsauftrag zurückzuführen. Daraus ergeben sich unnötig hohe Kosten, weil für jeden Kundenauftrag auf jeder Fertigungsstufe getrennt gerüstet werden muß. Darüber hinaus werden mit den ersten Einplanungen auf ein Betriebsmittel Randbedingungen für nachfolgende Auftragsbildungen geschaffen, die in ihrer Wirkung nicht vorhersehbar sind. Aus den genannten Gründen entfällt die auftragsweise Planung für eine weitere Betrachtung, zumal nicht abzuschätzen ist, ob sie im Vergleich zur konventionellen Planung (Trennung von Mengen- und Terminplanung) qualitative Verbesserungen bringt.

Nach /33/ setzt eine solche betriebsmittelweise kapazitätsorientierte Auftragsbildung einen s c h l e i f e n f r e i e n M a t e r i a l f l u ß voraus. Materialflußschleifen liegen dann vor, wenn ein Materialflußobjekt mehrfach (mit zwischenzeitlicher Bearbeitung auf einer anderen Maschine/Arbeitsplatz) auf einem bestimmten Betriebsmittel bearbeitet wird. In diesem Fall treten die in Bild 7 verdeutlichten Problemstellungen auf. Es müßten für die Materialflußobjekte A, B und D gemeinsam Aufträge gebildet werden. Das soll realisiert werden, obwohl der Bedarf an D erst aus einer Auftragsplanung bezüglich dem Betriebsmittel 1 resultiert.

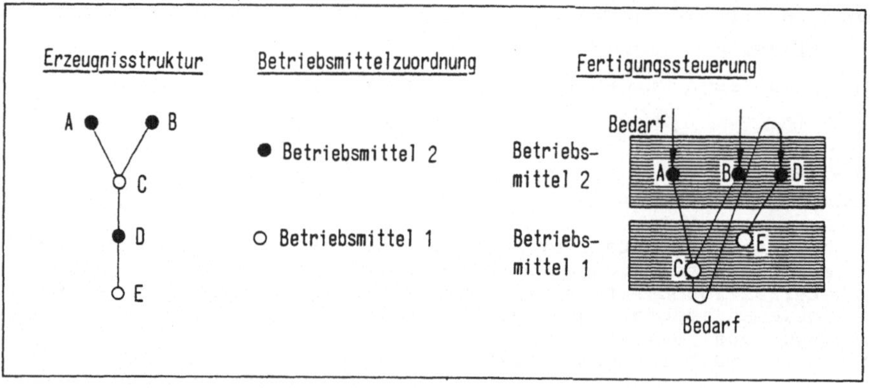

Bild 7: Bedeutung von Materialflußschleifen (nach /33/)

Da die Fertigung im Automobilbau streng nach dem Erzeugnisprinzip organisiert ist (vgl. Kapitel 2.1.2), liegt zwangsläufig ein schleifenfreier Materialfluß vor. Die Voraussetzung für eine betriebsmittelweise Auftragsplanung ist damit gegeben. Es wird deutlich, weshalb bei den konventionellen, am Verrichtungsprinzip (Einzel- und Kleinserienfertigung) orientierten Fertigungssteuerungssystemen (siehe Kapitel 2.3), keine Integration von Mengen- und Terminplanung realisiert sein kann.

Aus der Literatur /30,68,69,70/ sind eine Reihe von Verfahren zur betriebsmittelweisen Auftragsplanung bekannt. Sie erscheinen dort unter dem alle kapazitätsorientierten Auftragsbildungsverfahren

umschließenden Gattungsbegriff S i m u l t a n p l a n u h g s -
v e r f a h r e n . Entwickelt wurden die Verfahren mit dem Ziel,
die Kosten aus Liegezeiten als Folge der Kapazitätssituation zu
berücksichtigen. Diese Problemstellung wurde im Kapitel - Mengen-
und Terminplanung (2.1.1) - als Abhängigkeit zwischen Losgrößenbildung und Terminplanung diskutiert.

In /69/ wird beispielsweise versucht, mit einem Simultanplanungsverfahren dem Anspruch nach Kostenminimierung gerecht zu werden:
Ausgangssituation ist dabei ein Losgrößenbildungsverfahren entsprechend Part-Period (siehe hierzu z.B. /71/), womit zunächst
sukzessiv für jeden hinzukommenden Planungszeitabschnitt das Kostenreduktionspotential ermittelt wird, das sich aus der Hinzu-
nahme des nächsten Periodenbedarfselements zum (kumulierten) Los
ergibt. Diese Kostenreduktionspotentiale (Gegenüberstellung von
Lagerhaltungs- und Rüstkosten) werden für alle konkurrierenden Materialflußobjekte über sämtliche Planungszeitabschnitte hinweg
ermittelt. Der nächste Verfahrensschritt dient dann der Bildung
der Fertigungsaufträge. Begonnen wird mit dem ersten Planungszeitabschnitt (PZA) auf der Zeitachse. Die Losgrößen/Fertigungsaufträ-
ge für das erste PZA werden bestimmt, indem bei dem Produkt mit
dem höchsten Kostenreduktionspotential der aktuelle Periodenbedarf
um den Bedarf des nächsten PZA's erhöht wird. Das wird so lange
wiederholt, bis die Kapazitätsgrenze erreicht ist o d e r keine
Kosteneinsparungen für irgendeines der Produkte mehr möglich sind.
Auf diese Weise werden in einer iterativen Vorwärtsplanung die
Auftragsmengen PZA für PZA eingeplant.

Die obigen Betrachtungen fanden isoliert für jeweils ein einzelnes
Betriebsmittel statt (e i n s t u f i g e Simultanplanungsverfahren). Bei den m e h r s t u f i g e n Verfahren /30,35,68/
dehnt sich der Planungsvorgang in vertikaler Richtung aus. Dabei
wird man versuchen, die Wirkungen der Mengen- und Terminplanung
auf in Materialflußrichtung vorgelagerte Stufen/Materialflußob-
jekte zu berücksichtigen, um so einem Gesamtkostenminimum näher zu
kommen. Wie am Beispiel /69/ aufgezeigt, sind bereits die einstufigen Simultanplanungsverfahren sehr aufwendig. Eine mehrstufige
Simultanplanung ist wesentlich komplexer und damit noch aufwen-

diger. Ihre Umsetzung in die Praxis, zumal bei den im Automobilbau
vorliegenden Mengengerüsten an Materialflußobjekten, ist unmöglich
/30/. Nach /35/ liegen beispielsweise die praktischen Grenzen sei-
nes mehrstufigen Verfahrens bei 3 0 b i s 6 0 Materialflußobjekten. Bei größeren Mengengerüsten seien "konventionelle"
Verfahren vorzuziehen.

- Fazit
Aufgrund der dargestellten Sachverhalte gilt hinsichtlich des Ein-
satzes betriebsmittelorientierter Simultanplanungsverfahren folgende Einschätzung:

1. Durch eine betriebsmittelorientierte Auftragsplanung kann
   einerseits eine exakte Abstimmung zwischen Materialbereitstellung und -verbrauch (Beseitigung n i c h t a b -
   l a u f b e d i n g t e r Liegezeiten) erreicht werden
   (vgl. Bild 8). Andererseits ist durch ihren Einsatz die
   Möglichkeit zur Berücksichtigung von Kosten als Folge der
   Kapazitätssituation (a b l a u f b e d i n g t e Liegezeiten) bei der Bildung "optimaler" Lose/Fertigungsaufträge
   gegeben.
2. Bei einer einstufigen Simultanplanung ist in Einzelfällen
   nicht auszuschließen, daß sich über die mehrstufigen Ver-
   flechtungen in Einzelfällen eine Verschlechterung des Ge-
   samtergebnisses ergeben kann. Grundsätzlich ist jedoch bei
   einer methodischen Veränderung von der Bildung "optimaler
   Lose" ohne Kapazitätsbetrachtung hin zur Losbildung mit
   (gleichzeitiger) Kapazitätsbetrachtung eine q u a l i -
   t a t i v e V e r b e s s e r u n g der P l a -
   n u n g s e r g e b n i s s e sehr wahrscheinlich.
3. Beim Übergang von der einstufigen zur mehrstufigen Simultanplanung liegt ein kaum lösbarer Konflikt zwischen Machbarkeit und Optimalitätsanspruch vor. Im Zweifelsfall muß
   deshalb immer zugunsten der M a c h b a r k e i t ent-
   schieden werden.

Für ein zu entwickelndes Fertigungssteuerungssystem gilt deshalb:
Bei der Integration von Mengen- und Terminplanung sind betriebsmittelorientierte einstufige Simultanplanungsverfahren einzu-
setzen.

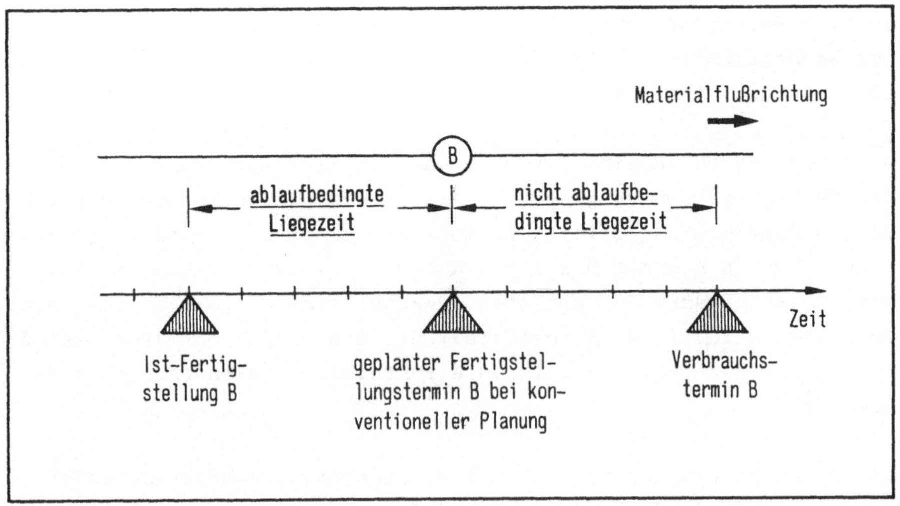

Bild 8: Aufschlüsselung der Liegezeitanteile

3.1.2 Mehrstufige Planung

- Bedeutung der Mehrstufigkeit

Die geforderte exakte Abstimmung zwischen Materialbereitstellung und -verbrauch ist nur dann zu erreichen, wenn die Ableitung der Sekundärbedarfe (Mengen, Termine) auch direkt aus den verbrauchenden Fertigungsaufträgen erfolgt. Bei einer Betrachtung von Bild 2 wird das vorliegende Problem deutlich. Der Sekundärbedarf am Materialflußobjekt D darf nicht aus Fertigungsaufträgen zum Materialflußobjekt A errechnet werden. Vielmehr ist die terminliche und mengenmäßige Manipulation der Bedarfsmengen auf den zwischengelagerten Fertigungsstufen zu berücksichtigen. Das soll gelten, wenn auch für die Materialflußobjekte B und C Fertigungsaufträge gebildet werden. Eine Anforderung nach mehrstufiger Planung bedeutet demnach, daß bei der integrierten Mengen- und Terminplanung unbedingt mehrstufige Strukturabhängigkeiten berücksichtigt werden müssen.

Die mehrstufige Planung ist auch aus folgendem Grund zwingend notwendig: Sie ist Voraussetzung für eine zustandsbezogene und eindeutige Bestandsführung. Das in Kapitel 2.2 aufgezeigte Problem der Identifikation von Mengen innerhalb eines ganzheitlich geführten Bestandes ist auf die einstufige Planung zurückzuführen.

- Anforderungen an eine Aufbereitung der Planungsstruktur
Ein Fertigungssteuerungssystem, das an den Zielen Termintreue und Bestandsoptimierung orientiert ist, muß die Existenz einer geeigneten P l a n u n g s s t r u k t u r voraussetzen. Der Begriff Planungsstruktur bedeutet zunächst ganz allgemein eine "Art" Produktstruktur (z.B. Stückliste), die die einzelnen Materialflußobjekte differenziert mit ihren strukturellen Verknüpfungen aufzeigt[1].

Die Planungsstruktur muß a l l e notwendigen Materialflußobjekte enthalten. Ist sie unvollständig, führt das zwangsläufig zu Planungsfehlern und damit zu Mängeln bei der Termintreue oder zu höheren Beständen.
Eine P l a n u n g s n o t w e n d i g k e i t besteht zunächst dann, wenn die Unternehmensaufgabe nur in Zusammenarbeit mit einem anderen Unternehmen oder Werk gelöst werden kann. Sie existiert aber auch dort, wo es nicht gelingt, einen kontinuierlichen oder besser einen mit einheitlicher Taktzeit fortschreitenden Materialfluß aufzubauen /56/. Eine Planungsnotwendigkeit liegt demnach im einzelnen vor:

- beim Austritt des Materialflusses aus dem Planungsbereich
  (zeitlich/mengenmäßiger Abgang; Primärbedarf),
- beim Eintritt des Materialflusses in den Planungsbereich
  (zeitlich/mengenmäßiger (Material-) Zugang),
- bei Änderung der Arbeits-/Prozeßgeschwindigkeit,
- bei Verzweigungen des Materialflusses
  (Mehrfachverwendung) und

---

1) Nach der Abgrenzung in Kapitel 2.1.1 gehören im Bereich der Fertigungsvorbereitung alle Aufgaben ohne Wiederholungscharakter zum Aufgabengebiet der Fertigungsplanung. Demnach gehen die Anforderungen an eine Aufbereitung der Planungsstruktur an die Adresse der F e r t i g u n g s p l a n u n g.

- beim Zusammenführen des Materialflusses in einer Montage
  (Materialflußvereinigung).

Die benötigte Planungsstruktur ist nun, abweichend von der klassischen Produktstruktur (= Stückliste), eine Art S y n t h e s e
von Stückliste und Arbeitsplänen. Denn während die Stückliste nur
Einzelteile und Montagezustände beschreibt, enthält ein Arbeitsplan beispielsweise die einzelnen Arbeitsvorgänge in der Teilefertigung[1].

Die Planungsstruktur muß weiterhin die obigen Materialflußobjekte
(MFO) exakt mit ihren direkten materialflußmäßigen Beziehungen
abbilden. Es entsteht eine ggf. m e h r s t u f i g e P l a -
n u n g s s t r u k t u r.

3.1.3 <u>Planungsaktualität</u>

Bei der Mengen- und Terminplanung werden die Einflußgrößen Bedarf,
Bestand, Kosten, Kapazitätsangebot usw. berücksichtigt. Das Ergebnis einer Planung sind Beschaffungs- und Fertigungsaufträge über
einem bestimmten Planungshorizont. Die Bedeutung der Datengüte und
-aktualität für die Qualität der Planungsergebnisse ist offensichtlich (siehe hierzu /11,72,73/).
Ein elementares Problem besteht darin, daß Planungsergebnisse
"veralten" können. Ein Planungsergebnis ist dann veraltet, wenn
die der Planung zugrundeliegenden Daten (z.B. Bedarf, Bestand,
usw.) nicht mehr gelten, sprich nicht mehr aktuell sind. Die Folgen des "Beibehaltens" der Planungsergebnisse wären Terminverletzungen und/oder hohe Bestände.
So sind z.B. bei einer nachträglichen Bedarfssenkung die bereits
geplanten Aufträge zu groß dimensioniert. Unter der Voraussetzung
einer späteren Verwendbarkeit entstehen nun zumindest zusätzliche
Lagerhaltungskosten. Damit ergibt sich zwangsläufig die Anforde-

---

1) Arbeitsvorgänge können dann zu e i n e m Planungs- oder Materialflußobjekt zusammengefaßt werden, wenn sie im Arbeitsplan
   einander direkt benachbart sind und auf derselben Maschine/Arbeitsplatz hergestellt werden (siehe obige Definition der Planungsnotwendigkeit).

rung, immer dann neue Aufträge zu planen, wenn sich eine der relevanten Planungsgrößen geändert hat (Anforderung nach P l a
n u n g s a k t u a l i t ä t) .   Diese Anforderung impliziert
eine Ablösung der zyklischen Planung.

3.1.4 Gestaltung der Funktionen Bestandsführung, Sekundärbedarfsermittlung und Auftragsbildung

Bestand, Bedarf und Auftrag sind die z e n t r a l e n B e
t r a c h t u n g s g r ö ß e n der mittelfristigen Fertigungssteuerung. Bei der Entwicklung der zu ihrer Ermittlung und Pflege
notwendigen Funktionen müssen ganz allgemein folgende Punkte berücksichtigt werden:

1. die Zielsetzungen Termintreue und Bestandsoptimierung und
2. die in Kapitel 3.1.1 und 3.1.2 geschaffenen Randbedingungen und die spezifische Fertigungsorganisation (siehe Kapitel 2.2.1) im Automobilbau.

An die Funktion B e s t a n d s f ü h r u n g gilt zunächst
die Anforderung nach einer v o l l s t ä n d i g e n Erfassung
und Führung sämtlicher Bestandsmengen, und zwar für alle Materialflußobjekte mit Planungsnotwendigkeit. Hierzu gehören auch diejenigen Mengen, die sich außerhalb des Lagers, d.h. auf dem Transport oder in Bereitstellung befinden.
Anders als bei der Einzelfertigung ist bei der Großserienfertigung
eine Bevorratung eines S i c h e r h e i t s b e s t a n d e s
sinnvoll und notwendig. Er dient der Absicherung gegen Betriebsmittelstörungen oder Lieferverzögerungen. Der Sicherheitsbestand
muß eine gewisse statistisch abgesicherte Stördauer überbrücken
können. Damit ist sichergestellt, daß im Störungsfall die Fertigung nicht zum Stillstand kommt. Der Sicherheitsbestand soll als
im Lager gebundene Menge betrachtet werden, die keinem anderen als
dem ihr zugedachten Zweck zur Verfügung steht.

Im Rahmen der Diskussion zur Integration von Mengen- und Terminplanung (Kapitel 3.1.1) wurde die Anforderung begründet, den Sekundärbedarf aus kapazitiv abgestimmten Aufträgen (Fertigungsaufträgen) abzuleiten. Um unnötig hohe Lagerhaltungskosten zu vermeiden, ist darüber hinaus von der Sekundärbedarfsermittlung die in
der Fertigung realisierte v o l l s t ä n d i g e Ü b e r -
l a p p u n g zu berücksichtigen. Die Bedarfe fallen nämlich
nicht auftragsweise/zeitpunktorientiert geschlossen an. Vielmehr
treten sie transportbehälterweise verteilt über dem gesamten Auf-
tragshorizont auf. Wird dies von der Sekundärbedarfsermittlung bei
der Terminierung der Bedarfe nicht berücksichtigt, entstehen unnötig hohe Bestände (siehe Vergleich in Bild 9).
Wie bereits in Kapitel 3.1.1 angesprochen, müssen bei der A u f -
t r a g s b i l d u n g kapazitive Gesichtspunkte berücksichtigt
werden. Dabei handelt es sich einerseits um eine Gegenüberstellung
von Kapazitätsangebot und -bedarf. Andererseits sind die Interde-
pendenzen zwischen der Losbildung (Mengenzusammenfassung) und Terminplanung mit den daraus ableitbaren Kosten zu betrachten. Um eine Kommissionierung im Lager oder den Transport nur teilweise gefüllter Behälter und die damit verbundenen Kosten zu vermeiden,
müssen die Auftragsmengen weiterhin auf ein ganzzahlig Vielfaches
einer Transportbehälterfüllmenge auf- oder abgerundet werden.

3.2   Instrumentelle Anforderungen

Eine zentrale Anforderung an ein Fertigungssteuerungssystem ist
seine M a c h b a r k e i t /74/. Das bedeutet, daß die gestellten Aufgaben in der zur Verfügung stehenden Zeit erfüllt
werden k ö n n e n .
Der Anforderung nach Machbarkeit kommt im zu entwickelnden Fertigungssteuerungssystem aus mehreren Gründen besondere Bedeutung zu:

    1. Für die kapazitätsorientierte einstufige Auftragsbildung
       ist ein sehr hoher Aufwand zu erwarten.

    2. Im Automobilbau liegt ein extrem großes Mengengerüst an
       Materialflußobjekten mit Planungsnotwendigkeit vor.

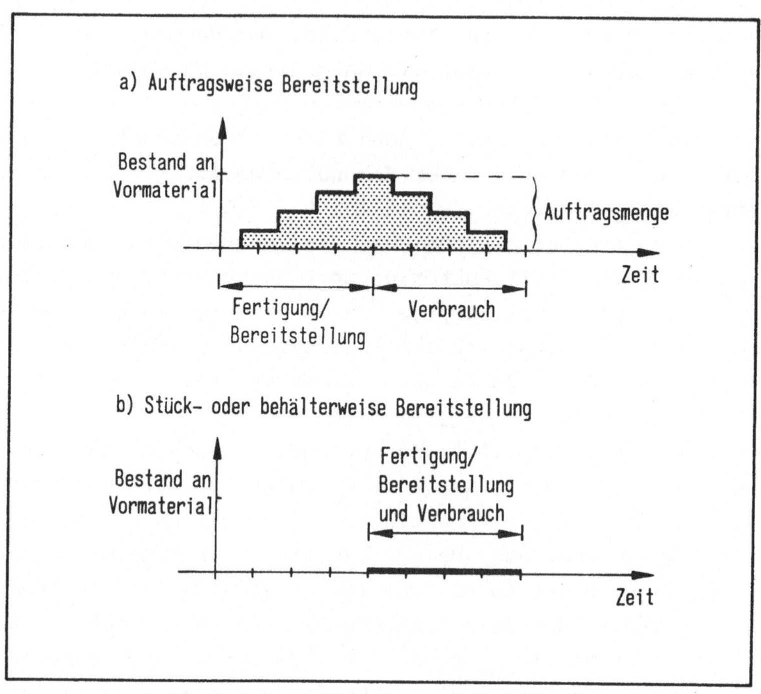

Bild 9 : Bestandsentwicklung mit und ohne Überlappung bei der Bereitstellung (Vereinfachung: Fertigungs-/Bereitstell- und Verbrauchsgeschwindigkeit sind gleich)

3. Aus der Anforderung nach Planungsaktualität leitet sich ein außerordentlich hoher zu erwartender Aufwand ab[1].

Diese Gesichtspunkte stellen die Machbarkeit des Fertigungssteuerungssystems in Frage. Aus dieser Erkenntnis leitet sich die Anforderung ab, Maßnahmen zur A u f w a n d s r e d u z i e - r u n g besonderes Augenmerk zu schenken.

---

1) Der erwartete hohe Aufwand zur Erfüllung der Anforderung nach Planungsaktualität läßt sich u.a. damit begründen, daß sich im Automobilbau der Primärbedarf ständig ändert. Ursache ist, daß die Bedarfe im mittelfristigen Bereich durch Vertriebsprognosen gebildet werden, die dann im kurzfristigen Bereich durch Kundenaufträge abgelöst werden, die in der Regel nicht der Prognose entsprechen.

Betrachtet man die spezifischen Möglichkeiten und Randbedingungen,
die beim Erzeugnisprinzip vorliegen, so genügen die konventionellen Fertigungssteuerungssysteme   n i c h t   den hier relevanten
Optimierungszielen Termintreue und Bestände.

Ziel der Arbeit ist deshalb die Entwicklung eines   o p t i m a -
l e n   und   p r a x i s g e r e c h t e n   Fertigungssteuerungssystems. Es soll speziell auf die Bedürfnisse von Unternehmen
zugeschnitten sein, die eine nach dem Erzeugnisprinzip organisier-
te Fertigung besitzen/vorweisen. Die Entwicklung soll weiterhin
beispielhaft für den Automobilbau durchgeführt werden. Dort existieren spezifische Randbedingungen hinsichtlich des zu beachten-
den Mengengerüsts an Materialflußobjekten. Deren Berücksichtigung
stellt die   A l l g e m e i n g ü l t i g k e i t   des zu entwickelnden Fertigungssteuerungssystems für das Erzeugnisprinzip
sicher.

Aus der globalen Zielsetzung lassen sich zwei Teilziele ableiten:

> 1. die Lösung der funktionalen Aufgabenstellung in optimaler
>   Weise,
> 2. die Sicherstellung der Praxisfähigkeit des zu entwickeln-
>   den Fertigungssteuerungssystems.

Eine optimale funktionale Lösung liegt dann vor, wenn die Ziele
Termintreue und Bestandsoptimierung erreicht werden. Das wesentli-
che Merkmal einer funktionalen Lösung muß die Integration von
Mengen- und Terminplanung sein. Diese zeichnet sich aus durch:

> - die Verwendung kapazitätsorientierter Auftragsbildungs-
>   verfahren und
> - die Ableitung der Sekundärbedarfe aus Fertigungsaufträgen.

Es ist dabei nicht das Ziel der vorliegenden Arbeit, ein "weiteres" einstufiges, kapazitätsorientiertes Auftragsbildungsverfahren zu entwickeln. Vielmehr werden die in /75,76/ beschriebenen

und dort gegen andere abgegrenzten Verfahren übernommen[1]. Diese
wurden für eine Anwendung u.a. im Automobilbau entwickelt. Damit
jedoch die jeweils notwendigen Auftragsbildungsalgorithmen "fall-
spezifisch" eingesetzt werden können, soll u.a. eine a l l g e -
m e i n g ü l t i g e   F u n k t i o n s u m g e b u n g   geschaffen werden.

Das zu entwickelnde Fertigungssteuerungssystem soll weiterhin in
der Praxis einsetzbar sein (Teilziel 2). Dazu soll die Machbarkeit
der funktionalen Lösung durch geeignete Maßnahmen sichergestellt,
sowie eine "Systeminfrastruktur" zur Aufgabenabwicklung aufgebaut
werden.

---

1) In /75/ wird ein kapazitätsorientiertes Auftragsbildungsverfahren für die Fertigung bei nicht vernachlässigbaren Produktwechselkosten entwickelt. Aufgrund der anfallenden Rüstkosten entstehen größere Lose und damit Fertigungsaufträge, die sich über
   einen längeren Zeitraum erstrecken. Um eine direkte Konkurrenz
   der Materialflußobjekte (MFO) zu vermeiden, werden die MFO immer zu "festen", terminlich gegeneinander versetzten, regelmäs-
   sig wiederkehrenden Terminen eingeplant. Die verwendeten Zy-
   kluslängen werden unter Beachtung von Kostengrößen festgelegt.
   Die in /76/ beschriebenen Verfahren kommen dort zum Einsatz, wo
   die Produktwechselkosten vernachlässigt werden können. Bei vernachlässigbaren Rüstkosten ergeben sich Losgrößen von
   "1 Stück". Der Zeitraum, den ein solches Los blockiert, wird
   damit entsprechend kurz. Das Problem der Kapazitätskonkurrenz
   relativiert sich. Fallen trotzdem mehrere Lose auf denselben
   Termin, wird deren terminliche Verschiebung über Prioritäten
   gesteuert.

5   Funktionale Lösung

Das Ziel der funktionalen Lösung ist die ideale Aufgabenerfüllung
hinsichtlich der Optimierungsziele Termintreue und Bestände. Die
gestellte Aufgabe besteht aus zwei Teilen:

> - dem funktionalen Systemaufbau (Kapitel 5.1) und
> - der Entwicklung der Funktionsbausteine (Kapitel 5.2)[1].

5.1   Mehrstufige integrierte Mengen- und Terminplanung

- Ausgangssituation

Voraussetzung für eine mehrstufige Planung und die Integration von
Mengen- und Terminplanung ist das Bestehen einer geeigneten Pla-
nungsstruktur. Die Aufbereitung dieser Struktur ist Aufgabe der
Fertigungsplanung.

Die, den nachfolgenden Überlegungen zugrundeliegende Planungsstruktur ist gemäß den gestellten funktionalen Anforderungen aufbereitet. Weiterhin zeichnet sie sich durch eine redundanzfreie
Datenorganisation und die strukturellen Voraussetzungen für einen
effizienten Einsatz der kapazitätsorientierten Auftragsbildungsverfahren aus. Die Planungsstruktur ist zusammenfassend durch
folgende Merkmale gekennzeichnet:

- Abbildung s ä m t l i c h e r Materialflußobjekte mit
  P l a n u n g s r e l e v a n z ; dabei kann die Planungsstruktur, abweichend von einer Stücklistendarstellung, auch Arbeitsvorgänge der Teilefertigung und Montage enthalten.
- direkte strukturelle Verknüpfung der Materialflußobjekte in ihren materialflußmäßigen Abhängigkeiten,
- Darstellung und Speicherung der Planungsstruktur als G o -
  z i n t o g r a p h [2], um Datenredundanzen zu vermeiden /77/
  und

---

1) Die einstufigen kapazitätsorientierten Auftragsbildungsverfahren sind hier ausgenommen (siehe hierzu die Ausgrenzung in Kapitel 4).
2) Siehe nächste Seite.

• Sortierung aller um ein gemeinsames Betriebsmittel konkurrierenden Materialflußobjekte (= Kapazitätsgruppe) auf einer g e -
m e i n s a m e n D i s p o s i t i o n s s t u f e [3].
Hierzu wird der Graph zunächst in Materialflußrichtung ausge-
richtet (vgl. Bild 10a)). In einem weiteren Arbeitsschritt folgt
die Einordnung sämtlicher Elemente einer Kapazitätsgruppe auf
der höchsten Stufe, auf der eines der betrachteten Objekte auf-

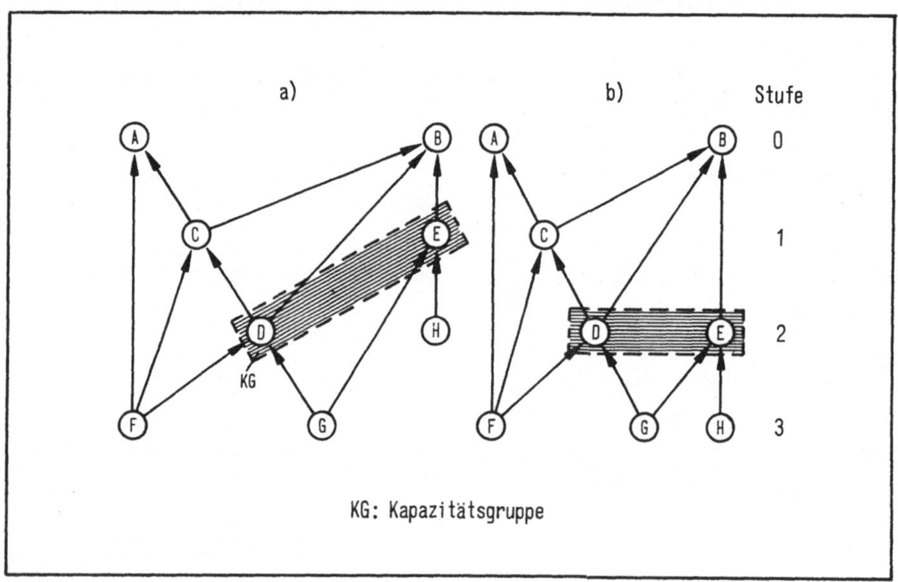

Bild 10: a) Ausrichtung eines Gozintographen in Materialflußrichtung und b) Sortierung der Elemente einer Kapazitätsgruppe auf eine gemeinsame Dispositionsstufe

2) Siehe vorangegangene Seite.
Die Knoten des Graphen repräsentieren Teile, worunter Erzeugnisse, Baugruppen, A r b e i t s v o r g ä n g e , Einzelteile und Kaufteile/Rohmaterial zu verstehen sind. Die gerich-
teten Kanten geben die Materialflußrichtung an (vgl. z.B. /70,
78,79/ u.a.). Knotenpunkte ohne Vorgänger sind Rohmaterialien
oder Kaufteile. Dagegen handelt es sich bei Knoten ohne Nach-
folger um Enderzeugnisse. Die Gesamtstruktur ist nach /80/ ein
gefärbter Graph, da den Knoten und Kanten Eigenschaften zugeor-
det sind. Eine Kanteneigenschaft beschreibt z.B. das mengenmäßige Verbrauchsverhältnis eines Knotens (Materialflußobjekts)
durch einen in Materialflußrichtung direkt nachgelagerten
Knoten.
3) Siehe nächste Seite.

tritt (vgl. Bild 10b). Dadurch ist sichergestellt, daß bei einer
dispositionsstufenweisen Abarbeitung der Planungsstruktur, ent-

---

3) Siehe vorangegangene Seite.
   Die Durchführung der Planungsaufgaben (Dispositionsabwicklung)
   muß entgegengesetzt zur Materialflußrichtung erfolgen. Ausgangspunkt der Planungsaktivitäten ist der Primärbedarf. Eine
   Abarbeitung der Planungsstruktur erfolgt sinnvollerweise unter
   Berücksichtigung folgender Bedingungen:
   a) Ein Knoten soll immer erst dann "angefaßt" werden, wenn
      der Bedarf für ihn vollständig vorliegt. D.h. alle in Ma-
      terialflußrichtung nachgelagerten Knoten müssen zu diesem
      Zeitpunkt bereits dispositiv (Auftragsbildung) bearbeitet
      sein.
   b) Unter dem Blickwinkel einer gemeinsamen Auftragsbildung
      für alle, um ein Betriebsmittel/Arbeitsplatz konkurrie-
      renden Knoten (Kapazitätsgruppe), muß die obige Anforde-
      rung ausgedehnt werden. Danach soll auf eine Kapazitäts-
      gruppe erst dann dispositiv zugegriffen werden, wenn für
      ihre sämtlichen Elemente der Bedarf vollständig vorliegt.
   Um a) zu genügen, gibt es zwei grundsätzliche Vorgehensweisen.
   Beim Gozinto-Listenverfahren /81,82/ wird zur Ermittlung der
   Auflösungsreihenfolge der Planungsstruktur ein sogenannter
   Pfeilzähler verwendet. Dieser gibt für jeden Knoten die Anzahl
   der von ihm ausgehenden Verwendungspfeile an. Die Dispositionsabwicklung beginnt bei einem Knoten, bei dem der Pfeilzählerwert gleich Null ist. Für diese Knoten werden Aufträge gebildet
   und daraus Bedarfe an im Materialfluß vorgelagerte Materialflußobjekte abgeleitet. Dabei wird der Pfeilzählerwert dieser
   Materialflußobjekte jeweils um 1 reduziert. Dies geschieht bezüglich eines Materialflußobjekts so lange, bis ein Pfeilzähler
   den Wert Null hat.
   Beim Dispositionsstufenverfahren /32/ ist die Planungsstruktur,
   bzw. deren Knoten nach Abarbeitungsstufen sortiert. Die Einordnung auf einer Stufe beschreibt die Reihenfolge, in der die
   Knoten bei einer stufenweisen Vorgehensweise entgegengesetzt
   zur Materialflußrichtung bearbeitet werden sollen.
   Zur Befriedigung der Bedingungen b) sind Modifikationen der geschilderten Vorgehensweisen notwendig. Beim modifizierten Gozinto-Listenverfahren muß zusätzlich ein Zähler für jede Kapazitätsgruppe eingeführt werden. Diesem wird zunächst der Wert
   Anzahl Elemente (Knoten) in der Kapazitätsgruppe zugewiesen.
   Jedesmal, wenn dann bei einem Element der Wert des Pfeilzählers
   auf Null gesetzt wird, wird dieser Zähler um 1 reduziert. Hat
   er den Wert Null erreicht, ist die geforderte Bedingung für eine Auftragsbildung erreicht. Beim erweiterten Dispositionsstufenverfahren werden vor einer Planung alle Elemente einer Kapazitätsgruppe auf eine gemeinsame Planungsstufe sortiert.
   Der Nachteil des Gozinto-Listenverfahrens bzw. seiner modifizierten Form gegenüber dem erweiterten Dispositionsstufenverfahren besteht darin, daß zur Sortierung des Gozintographen
   nach Planungsgesichtspunkten auf sämtliche Knoten zugegriffen
   werden muß (Pfeilzähler). Dies erfordert bei jeder Planung zu-
   sätzlichen Aufwand und widerspricht der in Kapitel 3.2. geforderten Unterstützung der Praktikabilität.

gegengesetzt zur Materialflußrichtung, eine gemeinsame Auftragsbildung erst dann angestoßen wird, wenn bei a l l e n betei-
ligten Materialflußobjekten der vollständige Bedarf vorliegt.

- Mehrstufigkeit und Integration von Mengen- und Terminplanung
Die mehrstufige integrierte Mengen- und Terminplanung erfolgt auf
der Grundlage des von der Fertigungsplanung bereitgestellten Gozintographen. Ausgangsgröße ist ein gegebener Primärbedarf über
einem bestimmten zeitlichen Horizont (vgl. Bild 11). Der Bedarf
wird mit dem zum Planungszeitpunkt vorliegenden Bestand abgeglichen. Das Ergebnis des Abgleichs ist der Nettobedarf. Die
Nettobedarfe der einzelnen Materialflußobjekte einer Kapazitätsgruppe sind Vorgabegrößen für eine kapazitätsorientierte Auftragsbildung. Der gemeinsamen Auftragsbildung liegt weiterhin das
aktuelle Kapazitätsangebot des beanspruchten Betriebsmittels vor.

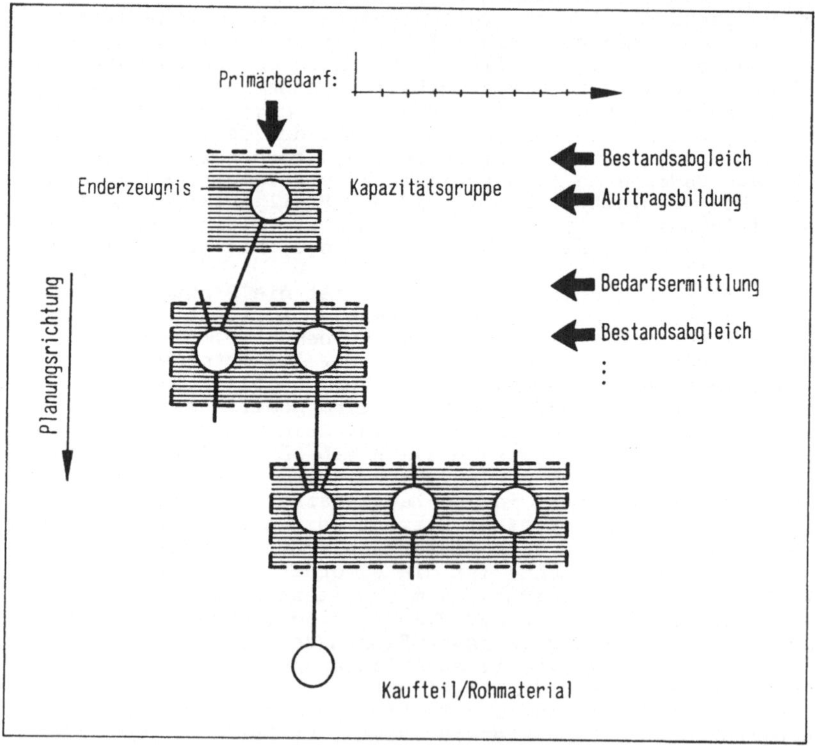

Bild 11: Mehrstufige Planung mit Integration von Mengen- und
         Terminplanung

Unter Verwendung von Stammdaten wie Stückzeiten (Kapazitätsbedarf eines einzelnen Stücks) werden Fertigungsaufträge gebildet (siehe hierzu /75,76/). Diese beschreiben, zu welchem Zeitpunkt bestimmte Mengen gefertigt werden sollen. Das Ergebnis der Auftragsbildung wird zur Vorgabe an die Sekundärbedarfsermittlung.

Bei der Sekundärbedarfsermittlung handelt es sich um eine mengenmäßige und terminliche Manipulation der Fertigungsaufträge (siehe Kapitel 5.2.2). Mit der Bedarfsermittlung wird der Planungsvorgang auf nachfolgende Dispositionsstufen transferiert. Der Bedarf wird dort wieder mit dem vorhandenen Bestand abgeglichen. Auf die Nettobedarfsermittlung folgt die nächste kapazitätsorientierte Auftragsbildung usw.

Dieses alternierende Vorgehen setzt sich über alle Stufen bis zu den Kaufteilen am Ende der Planungsstruktur fort. Dort werden dann für jedes dieser Materialflußobjekte einzeln Beschaffungsaufträge ohne Kapazitätsbetrachtung gebildet. Dabei kommen im Prinzip konventionelle Auftragsbildungsverfahren wie Part-Period oder gleitende wirtschaftliche Losgröße /24,45,71/ zum Einsatz.

Um ein Kommissionieren im Lager oder den Transport nur unvollständig gefüllter Behälter zu verhindern, müssen die obigen Verfahren um bestimmte Algorithmen ergänzt werden. Diese sollen für ein Ab- und Aufrunden der Beschaffungslose auf ein ganzzahliges Vielfaches einer Behälterfüllung sorgen.

Hinsichtlich der Anforderung Planungsaktualität wird zunächst davon ausgegangen, daß immer dann geplant wird, wenn die Änderung einer relevanten Größe vorliegt (siehe Kapitel 6.1.1).

Für die Größen Sekundärbedarf, Kapazitätsangebot und Auftrag stellt sich nun die Frage nach ihrer Darstellung über dem Planungshorizont. Sollen sie exakt zu einem bestimmten Z e i t - p u n k t oder innerhalb eines bestimmten Z e i t r a u m e s gelten oder erbracht werden?

Zur Entscheidung dieser Frage ist eine Orientierung am vorgegebenen Primärbedarf sinnvoll. Er wird n i c h t stückweise exakt zeitpunktorientiert abgefordert. Vielmehr wird der Primärbedarf als jeweils innerhalb eines Tages oder einer Schicht (mehr oder weniger kontinuierlich) zu befriedigende Menge betrachtet. Damit

ist bezüglich der Auflösung der abhängigen Größen keine größere
Genauigkeit als bei der Vorgabegröße sinnvoll. Das heißt, die Mengen (Bedarfe, Aufträge) werden jeweils für bestimmte Zeitabschnit-
te (= Planungszeitabschnitte) errechnet[1]. Als Länge eines Planungszeitabschnitts (PZA) wird eine Schicht definiert. Eine Festlegung der PZA-Länge auf eine Schicht stellt einen idealen Kompro-
miß zwischen notwendiger Genauigkeit und Praxisanforderungen dar;
Praxisanforderungen bedeuten beispielsweise:

- vertretbarer Aufwand,
- Unterstützung der Leistungsrechnung und
- Belassen eines gewissen Handlungsspielraumes auf der
  operativen Ebene[2].

Während sich Bedarfsmengen exakt auf ein Raster-Elememt des Zeit-
strahls begrenzen lassen, ist das bei einem Auftrag nicht möglich.
Ein Auftrag[3] kann sich als Folge von Bedarfszusammenfassung, Kapazitätssituation u.a.m. über mehrere Planungszeitabschnitte erstrecken. In diesem Fall werden die Teilmengen innerhalb eines
Planungszeitabschnittes als Teilaufträge bezeichnet.

---

1) Durch die Planung für Zeitrasterelemente wird (neben) einer ex-
   tremen Aufwandsreduzierung (gegenüber) einer zeitpunktgenauen
   Planung der operativen Ebene ein gewisser notwendiger Spielraum
   zur Leistungserbringung belassen.
2) Bei einer Rasterung der Zeitachse in Stunden würde ein sehr hoher Planungsaufwand anfallen, da z.B. für jede einzelne Stunde
   separate Auftragsmengen geplant werden müßten. Bei einer Abspeicherung der errechneten Auftragsverläufe würde weiterhin
   der 8-fache Speicherbedarf anfallen, als dies z.B. bei einer
   Schichtrasterung der Fall wäre. Bei einer Zeitrasterung im
   Stundenbereich wird die operative Ebene jeglichen dispositiven
   Spielraums beraubt. Letztendlich fehlt dann auch die zeitliche
   Voraussetzung, um eventuelle kurzfristige Störungen durch die
   operative Ebene beheben zu lassen. Es ergäbe sich damit zusätzlicher Aufwand für das Planungssystem. Ungeachtet dessen kann
   im entwickelten Modell auch mit einer Stundenrasterung gearbei-
   tet werden, wo dies notwendig scheint.
3) Bei einem Auftrag handelt es sich um die Menge eines Materialflußobjekts (MFO), die geschlossen ohne Unterbrechung durch ein
   anderes MFO auf einem Betriebsmittel hergestellt wird.

5.2   Funktionsmodule

5.2.1 Vollständige und exakte Bestandsführung

Durch die mehrstufige Planung wurde die Voraussetzung für eine zustandsbezogene Bestandsführung (siehe Kapitel 2.2.2) geschaffen.
Diese ist neben der Verfügbarkeit aktueller und vollständiger Bestandsmengen für eine exakte Nettobedarfsermittlung und damit für
eine bedarfsgerechte Auftragsbildung zwingend notwendig. Aufgrund
der beim Holprinzip offenen Lager, lassen sich die Bestände nicht
auf den physischen Lagerbereich beschränken. Damit gehören zur
geforderten vollständigen Bestandsführung auch die Mengen außerhalb des Lagers.

- Bestandsführungsmodell
Die vorliegende Aufgabenstellung besteht nun darin, durch geeignete Konzepte eine vollständige und exakte Bestandsführung sicher-
zustellen.
Die Zugangserfassung zum Bestand bereitet dabei keine Schwierigkeiten. Ein Zugang wird entweder nach der Fertigstellung eines
Materialflußobjekts, beim Verlassen des Betriebsmittels oder bei
der Übernahme ins Lager (an einem Erfassungspunkt EP) erfaßt. Als
Problem dagegen stellt sich das Erfassen des Bestandsabganges dar.
Bezüglich dieser Abgangserfassung sollen nachfolgend zwei prinzi-
pielle Lösungsmöglichkeiten diskutiert werden (vgl. Bild 12):

   a) die Erfassung direkt v o r   einem Verbrauch durch ein
      Betriebsmittel (Erfassungspunkt 1) oder
   b) die Ermittlung n a c h der Fertigstellung des verbrau-
      chenden Materialflußobjekts (Erfassungspunkt 2) durch
      Strukturauflösung und Umrechnen des Zugangs in einen Ab-
      gang an verbrauchten Materialflußobjekten.

Eine weitere Lösung - die Erfassung des Abganges und das Errech-
nen des nachfolgenden Zuganges - ist nicht denkbar. Dabei ist nämlich keine qualitative Bewertung der hergestellten Materialflußobjekte möglich (siehe Abschnitt - Bestandsarten -).
Der Lösungsansatz b) weist Vorteile gegenüber dem Ansatz a) auf.

Diese bestehen in einem **w e s e n t l i c h** geringeren Erfassungsaufwand auf der operativen Ebene. Während im Fall a) mit dem Abgang des verbrauchten Materialflußobjekts und dem Zugang des verbrauchenden MFO jeweils **z w e i** Erfassungsvorgänge notwendig sind, ist demgegenüber bei b) unter einer gewissen Voraussetzung nur **e i n e** Erfassung nötig. Dabei muß der ganzheitlich geführte Bestand rechnerisch um diejenigen Mengen reduziert werden, die sich in der Fertigung befinden und dort gerade ihren Objektzustand verändern (siehe Abschnitt - Bestandsarten -). Der Lösungsansatz b) weist zusätzliche Vorteile auf, wenn eine Montage (= Materialflußvereinigung) vorliegt. Hier steigt der Erfassungsaufwand für Abgänge in dem Maße, in dem verschiedene Materialflußobjekte verbraucht werden (vgl. Erfassungspunkte 1', 1'' usw. in Bild 12).

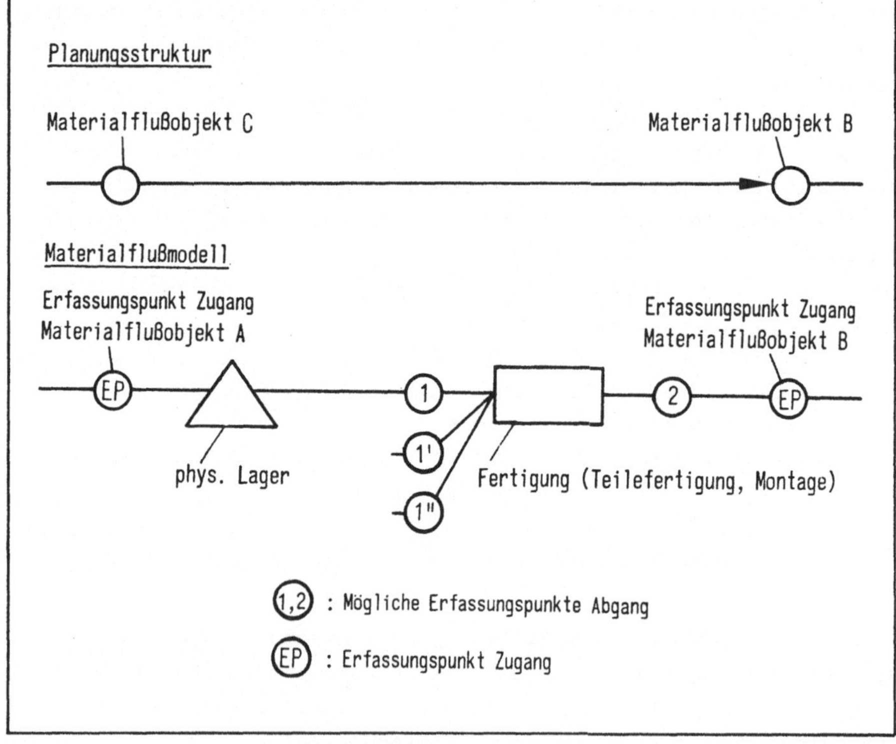

Bild 12: Planungsstruktur und daraus abgeleitetes Materialflußmodell mit möglichen Erfassungspunkten für eine Abgangserfassung aus einem Bestandsführungsbereich

Aus den genannten Gründen dient die Lösung b) als Grundlage für
die weitere Systementwicklung. Bild 13 zeigt dieses Bestandsführungsmodell mit dem zugehörigen Bestandsführungsbereich für ein
Materialflußobjekt mit Mehrfachverwendung. Ein Bestandsführungsbereich weist also ausschließlich einen (logischen) Erfassungs-
punkt(EP) auf.

Einen Sonderfall innerhalb des Bestandsführungsmodells stellen
Enderzeugnisse dar. Da hier kein Verbrauch in einem übergeordneten
Materialflußobjekt mehr stattfindet, wird ausschließlich ein Lagerbestand geführt. Die Abgänge daraus werden als Lagerabgänge
erfaßt.

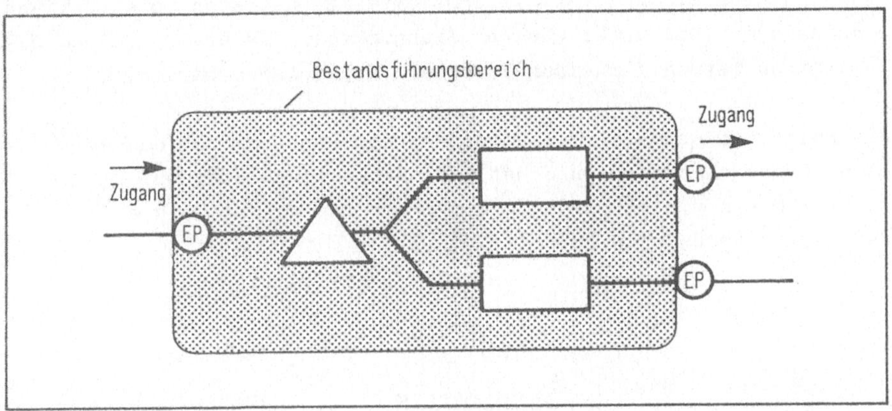

Bild 13: Bestandsführungsmodell mit ganzheitlichem Bestandsfüh-
         rungsbereich für ein Materialflußobjekt mit Mehrfachver-
         wendung

- Bestandsarten

Mit der Identifikation und einer mengenmäßigen Erfassung am Erfas-
sungspunkt EP, muß auch die qualitative Beurteilung einer Teilmen-
ge (Behälterfüllung) erfolgen.
Nicht jede Menge, die die Fertigung verläßt, ist für eine weitere
Verwendung geeignet. Auf der operativen Ebene werden die folgenden
Bewertungen erteilt:

• i. O. - M e n g e :   Menge genügt dem geforderten Qualitätsstandard und steht einer weiteren Verwendung/Verbrauch zur Verfügung.

• **N a c h a r b e i t :**   Der Zustand der erfaßten Menge entspricht noch nicht dem geforderten Qualitätsstandard. Dieser
kann jedoch durch Nacharbeit erreicht werden. Die Nacharbeits-
mengen verbleiben logisch in dem/den "liefernden" Bestandsfüh-
rungsbereich/en als i.O.-Mengen.

• **A u s s c h u ß :**   Eine erfaßte Menge genügt nicht dem geforderten Qualitätsstandard. Dieser kann auch nicht durch Nacharbeit hergestellt werden. Ausschußmengen verlassen grundsätzlich
jeglichen Bestandsführungsbereich.

• **G e s p e r r t e   M e n g e :**   Eine erfaßte Menge entspricht
nicht dem aktuell geforderten Qualitätsstandard und steht damit
einer weiteren Verwendung (noch) nicht zur Verfügung. Es handelt
sich hier z.B. um Materialflußobjekte mit gewissen konstruktiven
Änderungen (bei unveränderter Sachnummer), die erst zu einem bestimmten Termin für einen Verbrauch freigegeben werden.

Als Folge der qualitativen Bewertung ergeben sich für den Bestandsführungsbereich zunächst zwei Arten von Beständen:
i. O. - M e n g e n   und   g e s p e r r t e   M e n g e n
(siehe Istbestände in Bild 14).

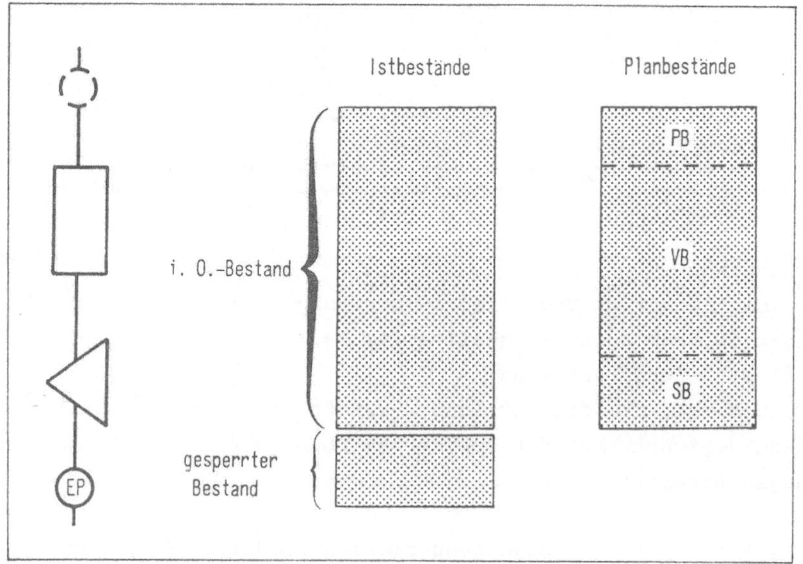

Bild 14: Bestandsarten im Bestandsführungsbereich

Die obigen Bestandsarten müssen weiter unterteilt werden. Grund
hierfür ist u.a. der Umstand einer ganzheitlichen Bestandsführung;
die Mengen, die sich bereits in der Teilefertigung oder in der
Montage befinden und dort gerade ihren objektspezifischen Zustand
verändern, stehen einer Planung nicht mehr als disponibler Bestand
zur Verfügung. Es handelt sich um Mengen, die auf jeden Fall in
den vorgesehenen Objektzustand versetzt werden müssen. Eine Entnahme aus dem Betriebsmittel in "halbfertigem" Zustand ist nicht
vorgesehen und auch nicht sinnvoll. Diese Bestandsmengen werden
als - P r o z e s s b e s t a n d (PB)[1] - bezeichnet. Bezüglich
ihrer qualitativen Bewertung ist davon auszugehen, daß sie aus dem
Bestandsanteil i.O.-Mengen stammen (vgl. Bild 14, Planbestände).
Der PB wird nicht erfaßt, sondern aus den geplanten Abgängen errechnet. Daneben enthält der i.O.-Bestand auch noch den - S i -
c h e r h e i t s b e s t a n d (SB) - .   Den Sicherheitsbestand
kann man sich logisch als im Lager gebunden vorstellen. Es handelt
sich wie beim PB um einen geplanten Bestand (Planbestand). Da es
sich bei den Planwerten PB und SB um bedarfsabhängige Größen handelt, werden sie im Rahmen der Sekundärbedarfsermittlung (siehe
Kapitel 5.2.2) errechnet. Der der Planung tatsächlich zur Verfügung stehende - v e r f ü g b a r e   B e s t a n d (VB) -   ergibt sich durch Reduzierung des i.O.-Bestandes um die Planwerte PB
und SB (vgl. Bild 14).

- Statuskonzept

Mit der Erfassung eines Behälters am Erfassungspunkt wird die ent-
haltene Teilmenge neben einer eindeutigen S a c h n u m m e r
durch einen S t a t u s   i d e n t i f i z i e r t .   Der
Status beschreibt die qualitative Bewertung der Behälterfüllung.
Neben der Einordnung einer Erfassungsmenge in die Klassen i.O.-
Mengen (Status 1) oder gesperrte Mengen (Status 3) sind auch an-
dere Bewertungen möglich, wie Ausschuß (Status 4) oder Nacharbeit
(Status 2).
Der vergebene Status bleibt einer Teilmenge als Element der
I d e n t i f i k a t i o n   erhalten, um z.B. das Handling auf
der operativen Ebene zu unterstützen. Im Zusammenhang mit einem
Statuskonzept wird dieser Status jedoch auch zur Vermeidung von

---

1) Der PB kann auch als reservierter Bestand betrachtet werden.

Verbuchungsfehlern bei Rücklieferungen und bei Statusänderungen benötigt.

Eine Rücklieferung liegt dann vor, wenn eine ordnungsgemäß an EP erfaßte Teilmenge aus dem Lager in die Fertigung transportiert, dort jedoch nicht verbraucht, sondern über einen Erfassungspunkt EP wieder im Lager abgeliefert wird. Ohne geeignete Vorsorge würde in diesem Fall ein und dieselbe Menge dem ganzheitlich geführten Bestand doppelt zugebucht werden. Dieses Problem läßt sich durch das Statusübergangskonzept beseitigen. Dabei ist der Grundgedanke der, daß durch einen Vergleich von "altem" und "neuem" Status eine Verbuchungsnotwendigkeit erkannt wird. "Alter" Status bedeutet die qualitative Beurteilung bei der letzten Erfassung, während der "neue" Status die Bewertung bei der aktuellen Erfassung darstellt.

Der Vergleich zwischen altem und neuem Status wird grundsätzlich dadurch möglich, daß automatisch jeder Teilmenge mit ihrer Fertigstellung ein Status 0 (noch nicht erfaßt) zugeordnet wird. Das geschieht noch v o r deren ersten Erfassung. Damit liegt zwangsläufig bei jeder Erfassung ein "alter" Status vor. Aus dem Statusvergleich ergibt sich dann eine Verbuchungsanweisung. Sind z.B., wie im Fall von Rücklieferungen, beide Status identisch (z.B Status 1), so muß die erfaßte Menge nicht bestandswirksam verbucht werden. Tabelle 2 zeigt die aus den Statuskombinationen (Tabelle 1) ableitbaren Verbuchungsanweisungen auf.

- Istabrechnung
Die Aufgabe der Funktion I s t a b r e c h n u n g ist das Führen der Konten i. O. - B e s t a n d und g e s p e r r t e M e n g e n (Istbestände). Die Planbestände - Prozessbestand (PB)- und - Sicherheitsbestand (SB) - werden dagegen im Rahmen der Funktion B e d a r f s e r m i t t l u n g (siehe Kapitel 5.2.2) errechnet.

Die Basis der Istabrechnung sind B e w e g u n g s m e l d u n g e n der operativen Ebene. Diese beinhalten das Ergebnis eines Erfassungsvorganges. Neben der Identifikation des erfaßten Materialflußobjekts, muß eine Bewegungsmeldung die Informationen Menge, alter und neuer Status enthalten. Mit Hilfe der im Abschnitt

	neuer Status	0	1	2	3	4
alter Status						
0		3	1	3	7	2
1		5	3	5	6	4
2		3	1	3	7	2
3		10	13	10	3	9
4		12	11	12	8	3

$M := \{1, \ldots, 13\}$ Menge aller Verbuchungsfälle

$S := \{0, \ldots, 4\}$ Menge aller Status

Tabelle 1: Ableitung von Verbuchungsfällen durch Kombination
von altem und neuem Status (Ausgabematrix)

- Statuskonzept - beschriebenen Statuslogik werden die Bewegungsmeldungen interpretiert und die abgeleiteten Handlungsanweisungen
ausgeführt.

Immer dann, wenn eine Bewegungsmeldung ein in Materialflußrichtung
vorgelagertes Materialflußobjekt betrifft, ist unter anderem eine
Strukturauflösung notwendig. So z.B. dann, wenn der Verbuchungsfall 1 (vgl. Tabelle 1) vorliegt. In diesem Fall wurde eine Teilmenge erstmals erfaßt und mit dem Status 1 (i.O.) bewertet. Die
Funktion Istabrechnung muß somit die folgenden Arbeitsschritte
(vgl. Tabelle 2) durchführen:

1. verbuchung als Zugang zum i.O -Bestand des vom Zugang
   "betroffenen" Materialflußobjekts.

2. Ermittlung derjenigen Materialflußobjekte, für die sich
   ein Bestandsabgang ergibt (Strukturauflösung).

3. Ermittlung der Verbrauchsmengen durch Multiplikation der
   Zugangsmenge mit dem, das Verbrauchsverhältnis beschrei-
   benden kantenspezifischen Faktor - M e n g e   j e
   E i n h e i t (MJE) - .

<u>Verbuchung im Konto</u>

in Materialflußrichtung vorgelagertes Material-flußobjekt (i.O.)	Materialflußobjekt mit Erfassung		Verbuchungsfall
	i.O.-Bestand	gesperrte Mengen	
−	+		1
−			2
keine Verbuchung			3
	−		4
+	−		5
		+	6
−	+	+	7
	−	−	8
		−	9
+	−	−	10
	+		11
+			12
	+	−	13

Tabelle 2: Verbuchungsfall und daraus abzuleitender Verbuchungsvorgang

4. Abbuchen der jeweiligen Verbrauchsmenge aus dem i.O.-Be-
stand des "betroffenen" Materialflußobjekts.

Einen Sonderfall stellen die Enderzeugnisse dar. Für sie werden
grundsätzlich nur Lagerbestände geführt. Deshalb muß die operative
Ebene Lagerabgänge erfassen und spezielle Bewegungsmeldungen absetzen. Diese führen zu einer Abbuchung aus dem Lagerbestand. Die
Plangröße PB tritt bei Enderzeugnissen nicht auf. Als weitere Er-
gänzung wird ein Status 5 eingeführt, der einen Lagerabgang spezifiziert. Bei der Ableitung der Verbuchungsfälle (Tabelle 1) und
beim Verbuchungsvorgang selbst (Tabelle 2) wird der Status 5 wie
der Status 4 interpretiert.

- Reservierungskonzept

Im Automobilbau ist hinsichtlich der Materialbereitstellung das Holprinzip realisiert. Es weist unter den vorliegenden Randbedingungen Vorteile gegenüber dem Bringprinzip auf (vgl. Kapitel 2.1.2).

Eine Schwachstelle hat jedoch das Holsystem. Es kann dabei im Prinzip aus dem Lager "unkontrolliert" entnommen werden. Obwohl die operative Ebene dazu verpflichtet ist, die Vorgaben exakt einzuhalten, ist es nötig, im System eine Sicherung gegen unkontrollierte Entnahmen einzubauen. Diese soll eine Fertigung/ein Betriebsmittel an einem unkontrollierten Verbrauch von Vormaterialien hindern. Andernfalls kommt es zu Versorgungsengpässen bei anderen Materialflußobjekten, die ebenfalls das betrachtete Vormaterial benötigen. Um dieses Problem zu lösen, wurde ein Reservierungskonzept entwickelt. Hierbei wird für einen Verbraucher bedarfsanteilig eine bestimmte Menge an einem geplanten Auftragszugang logisch reserviert. Die verbrauchende Stelle kann dann am Lager in Summe nur das entnehmen, was ihr anteilig an einem Auftrag zusteht. Diese Menge wird als - R e s e r v i e r u n g s m e n g e (RM_{PV}) - für einen Verbraucher P an einem Materialflußobjekt V bezeichnet. Sie errechnet sich durch Summation der geplanten Abgänge am Lager (= R e s e r v i e r u n g s b e d a r f (RB_{PV})) zwischen zwei Auftragszugängen (Bezug jeweils Beginn eines Auftragszuganges):

$$(1) \qquad RM_{PV,AV} \colon = \sum_{h=j_{V,AV}}^{j_{V,AV+1}-1} RB_{PV,h}$$

$RM_{PV,AV}$: Reservierungsmenge am Materialflußobjekt V für einen Verbraucher P, an einem Auftrag AV zum Materialflußobjekt V

$RB_{PV,h}$: Geplanter Abgang am Lager aus dem Bestand an V für einen Verbraucher P (Reservierungsbedarf) zwischen zwei geplanten Auftragszugängen (jeweils Beginn) $j_{V,AV}$ und $j_{V,AV+1}$ zum Materialflußobjekt V

$j_{V,AV}$: Beginn eines Auftrages AV zum Materialflußobjekt V

$j_{V,AV+1}$: Beginn eines Auftrages AV+1 zum Materialflußobjekt V

Die Reservierungsmenge $RM_{PV,AV}$ kann dann zu einem beliebigen Zeitpunkt am Lager entnommen werden.
Der Algorithmus zur Ermittlung des Reservierungsbedarfes wird in Kapitel 5.2.2 abgeleitet.

5.2.2 <u>Ermittlung von Sekundärbedarfs- und Bestandsplanwerten</u>

- Ausgangssituation

Die Aufgabe der Sekundärbedarfsermittlung ist die exakte Ableitung von a b h ä n g i g e n Bedarfen (Menge, Termin) aus kapazitiv abgestimmten Fertigungsaufträgen. Abhängige Bedarfe treten ausschließlich bei Materialflußobjekten auf, bei denen es sich nicht um Enderzeugnisse handelt.
Mit Hilfe der Bedarfsermittlung wird eine Verbindung zwischen unterschiedlichen Dispositionsstufen hergestellt. Neben einer Ableitung der Sekundärbedarfe aus Fertigungsaufträgen wurde zusätzlich in Kapitel 3.1.3 die Anforderung nach einer überlappten Bereitstellung formuliert. Damit ist eine s t ü c k - bzw. b e - h ä l t e r w e i s e und keine a u f t r a g s g e n a u e zeitliche Kopplung zwischen verbrauchender Fertigung und der Bereitstellung (= Bedarf) gefordert. Zwischen einem Fertigungsauftrag (hier: Fertigstellungstermin eines einzelnen Stücks) und der Bereitstellung des benötigten Vormaterials ist eine terminliche Verschiebung mit Hilfe einer Durchlaufzeit notwendig (vgl. Bild 15). Die Durchlaufzeit beschreibt den Zeitbedarf eines einzelnen Materialflußobjektes für Transport, Kontrolle und Bearbeitung.

Im Rahmen der Sekundärbedarfsermittlung werden bedarfsabhängige Planzeitreihen ermittelt, die für die Bestandsführung bzw. das Reservierungskonzept benötigt werden (vgl. Kap. 5.2.1). Bei den zu ermittelnden Planwerten handelt es sich um den - P r o z e s s - b e s t a n d (PB) -, den - S i c h e r h e i t s b e - s t a n d (SB) - und den - R e s e r v i e r u n g s b e - d a r f (RB) -.
Die Funktion zur Ermittlung von Sekundärbedarfen und Planbestandswerten wird nachfolgend als B e d a r f s e r m i t t l u n g bezeichnet. Die Ausgangsgröße bzw. Randbedingung der Funktion Be-

darfsermittlung ist neben einem vorgegebenen Auftragsverlauf ein
sogenannter - K a p a z i t ä t s k a l e n d e r (KA) -.   Es
handelt sich dabei um eine Zeitreihe, die beschreibt, wann und
in welchem Umfang ein Betriebsmittel oder ein Arbeitsplatz, ein
schließlich zugehöriger Werker- und Transportkapazität, zur Verfügung steht.

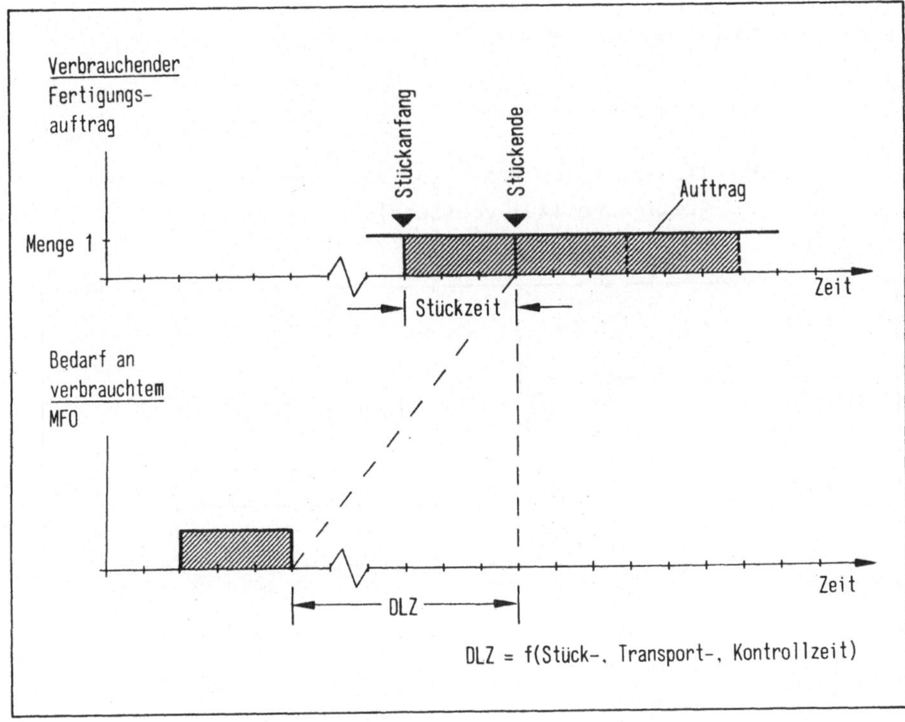

Bild 15: Terminierung des Bedarfs (1 Stück) in Abhängigkeit der
Durchlaufzeit

- Funktion Bedarfsermittlung

Die Ausgangsgröße der Funktion ist ein - F e r t i g u n g s -
a u f t r a g s v e r l a u f (AV$_{P,s}$) -   zu einem Materialflußobjekt P (vgl. Bild 16). Dabei ist s die Indexvariable der Zeit in
Rastereinheiten der Länge m wobei j+1 das Zeitrasterelement beschreibt, für das der erste Wert ermittelt werden soll. Aus diesem
Verlauf AV$_{P,s}$ wird in einem ersten Schritt zunächst eine Größe

- A u f t r a g s b e d a r f ($AB_{PV,s}$) -   ermittelt. In ihr sind die Auftragsmengen terminlich unverändert in einen Bedarf am Materialflußobjekt V umgesetzt. Hierzu wird das Stammdatum - M e n - g e   j e   E i n h e i t (MJE_{PV}) -   benutzt. Es beschreibt die Menge bzw. Verbrauchsrelation zwischen den zwei im Materialfluß benachbarten Objekten P und V.

Der $AB_{PV,s}$ errechnet sich demnach wie folgt:

(2) $$AB_{PV,s} = AV_{P,s} * MJE_{PV}$$

$$s = j+1, j+2, \ldots\ldots, j+\Phi$$

$\Phi := $ (Anzahl aller PZAs, für die eine Auftrags-/
    -teilmenge (≥ 0) vorliegt)

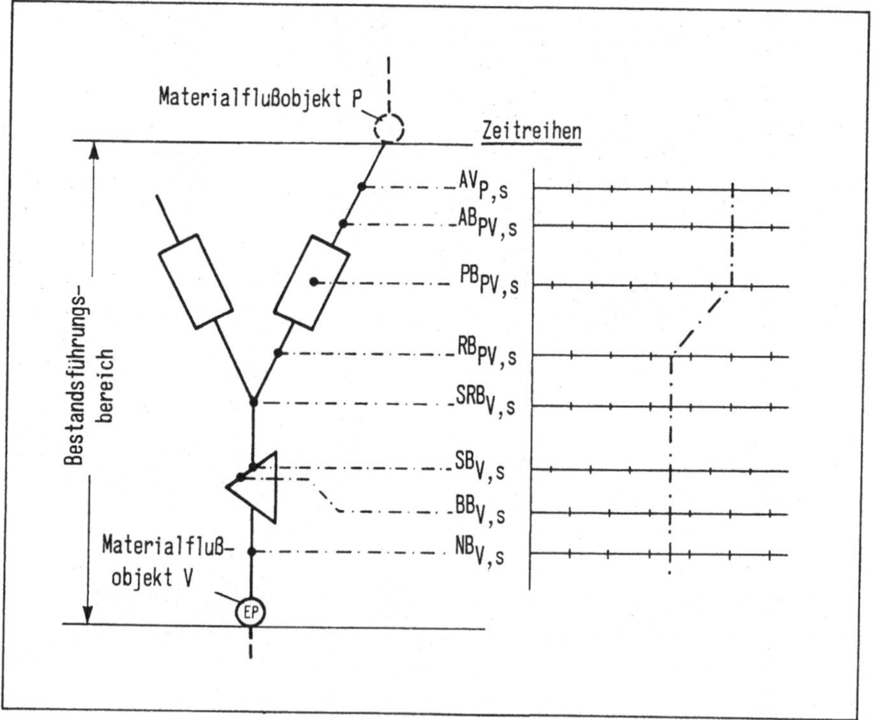

Bild 16: Reihenfolge der Ableitung der einzelnen Zeitreihen (Bedarf, Bestand) im Rahmen der Funktion Bedarfsermittlung

Der   - P r o z e s s b e s t a n d (PB$_{PV,s}$)- beschreibt den zu
definierten Zeitpunkten geplanten Bestand   a u ß e r h a l b
des Lagers. Bei den oben angesprochenen Zeitpunkten handelt es
sich um die Übergänge von einem Planungszeitabschnitt zum nächsten. Eine Bestandsbetrachtung ist grundsätzlich nur zu diesen
diskreten Zeitpunkten sinnvoll und möglich (vgl. Kapitel 6.1.1)[1].
Der PB ergibt sich als Summe aller Materialflußobjekte, deren
Transport, Qualitätskontrolle oder Bearbeitung laut Plan zwar begonnen hat, jedoch noch nicht abgeschlossen ist (vgl. Bild 17).

Zur Ermittlung des PB$_{PV,s}$ muß die Durchlaufzeit DLZ$_{PV}$ zwischen
den benachbarten Materialflußobjekten P und V über der   z e i t -
l i c h e n   V e r f ü g b a r k e i t   von Bearbeitungs-, Trans-
port- und Kontrollkapazität abgebildet werden. Hierzu wird auf den
Kapazitätskalender KA$_{P,s}$ des Fertigungsbereichs, in dem das Materialflußobjekt P hergestellt wird, zurückgegriffen. Der Kapazitätskalender beschreibt übergreifend:

a) die zeitliche Verfügbarkeit eines Betriebsmittels (Maschine, Arbeitsplatz)   u n d

b) die zeitliche Verfügbarkeit von Transport- und Kontrollkapazität.

---

1) Eine Bestandsbetrachtung zu jedem beliebigen Zeitpunkt innerhalb eines Planungsabschnitts ist zunächst (vgl. auch Kapitel
   6.1.1) auch aus Aufwandsgründen nicht möglich. In diesem Fall
   müßten für jeden Zeitpunkt über dem Betrachtungshorizont Planwerte errechnet werden.
   Die Definition, daß bei einem zeitlich indizierten Bestandswert
   immer der Stützpunkt zwischen zwei Planungszeitabschnitten betrachtet wird, gilt grundsätzlich für sämtliche Bestandsgrößen.
   Bei den Größen Bedarf, Auftrag und Kapazität wird dagegen immer
   der gesamte Planungszeitabschnitt betrachtet.
   Hinsichtlich der zeitlichen Indizierung der Bestandswerte ist
   folgende Abgrenzung eines Planungszeitabschnitts (PZA) zu beachten: Jeweils der rechte Rand eines Planungszeitabschnitts
   ist ϵ des betrachteten PZAs. Das bedeutet, der Planungszeitabschnitt j+e beispielsweise bewegt sich in den Grenzen (j+e-1)
   bis (j+e+1).
   Weiterhin wird festgelegt, daß es sich beim Begriff Zeitpunkt
   um den rechten Rand eines PZAs und damit um den "Bestandszeit-
   punkt" handelt (vgl. Bild 17).

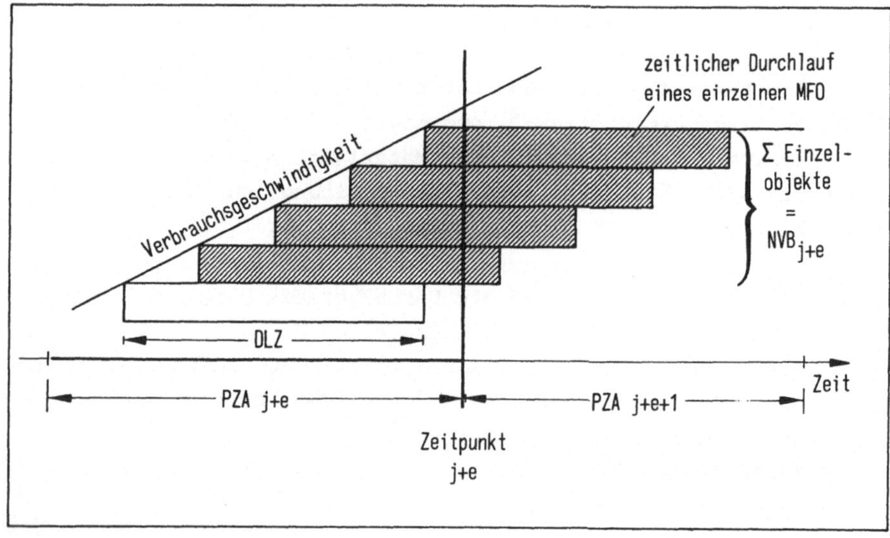

Bild 17: Prozessbestand zum Zeitpunkt j+e

Dabei stellt die Bearbeitungskapazität den eigentlichen kapazitiven Engpass dar. Das Angebot an Transport- und Kontrollkapazität
ist darauf abgestimmt. Die Anzahl der je Zeitabschnitt einzupla-
nenden Materialflußobjekte wird von der Auftragsbildung, unter Berücksichtigung der zur Verfügung stehenden Bearbeitungskapazität
errechnet. Demnach stellt der Kapazitätsbedarf für Transport und
Qualitätskontrolle als Folge der geplanten Aufträge k e i n e n
Engpass dar.
Über den Zeiträumen mit (grundsätzlicher) kapazitiver Verfügbarkeit, muß die benötigte Durchlaufzeit für Bearbeitung, Transport
und Qualitätskontrolle abgebildet werden (vgl. Bild 18).

Die Ermittlung des $PB_{PV,s}$ erfolgt in zwei Schritten. Im ersten
Schritt (3.1) wird in Abhängigkeit der zeitlichen Verfügbarkeit
des Kapazitätsangebots die individuelle - kapazitätsabhängige
Durchlaufzeit ($K_{PV,s} + k_{PV,s}$) - je Zeitrasterelement s ermittelt.
Der zweite Arbeitsschritt (3.2) dient dann der eigentlichen Er-
mittlung des Prozessbestandes $PB_{PV,s}$:

$$(3.1.1) \quad K_{PV,s} := \min\{K \mid \sum_{s'=s+1}^{s+K} KA_{P,s'} - DLZ_{PV} \geq 0\}$$

$$(3.1.2) \quad k_{PV,s} = \frac{DLZ_{PV} - \sum_{s'=s+1}^{s+K_{PV,s}} KA_{s'}}{KA_{s+K_{PV,s}}}$$

$$s = j+1, j+2, \ldots, j+\Omega$$
$$\Omega := f(\Phi, DLZ_{PV}, KA_{P,s}); \quad (\Omega \in |N)$$

$$3.2) \quad PB_{PV,s} = \sum_{s'=s+1}^{s+K_{PV,s}} AB_{PV,s'} + k_{PV,s} * AB_{PV,s+K_{PV,s}}$$

$$s = j+1, j+2, \ldots, j+\Omega$$
$$\Omega := f(\Phi, DLZ_{PV}, KA_{P,s}); \quad (\Omega \in |N)$$

Die Ermittlung des - R e s e r v i e r u n g s b e d a r f s
($RB_{PV,s}$) -   ist Voraussetzung für die Realisierung des Reservie-
rungskonzepts (vgl. Kapitel 5.2.1). Er beschreibt den geplanten
Abgang des Materialflußobjekts V aus dem Lager als Folge eines
Auftrags für das Materialflußobjekt P. Zeitlich ist der $RB_{PV,s}$ um
die über der kapazitiven Verfügbarkeit abgebildete Durchlaufzeit
gegenüber dem Auftragsverlauf $AB_{PV,s}$ in Richtung Heutelinie verschoben. Der Reservierungsbedarf enthält zusätzlich Mengen, die
aus der Einführung eines Mehrbedarfsfaktors (MBF_{PV}) resultieren.
Dieser beschreibt den prozentualen Mengenanteil, der zusätzlich
zur Auftragsmenge für Ausschuß und ungeplante Entnahmen (Schwund,
Versuch usw.) eingeplant werden muß. Der Algorithmus zur RB-Er-
mittlung wird über eine B e s t a n d s b i l a n z i e r u n g
abgeleitet:

$$(4.1) \quad PB_{PV,j+1} = PB_{PV,j} - AB_{PV,j+1} * MBF_{PV} + RB_{PV,j+1}$$

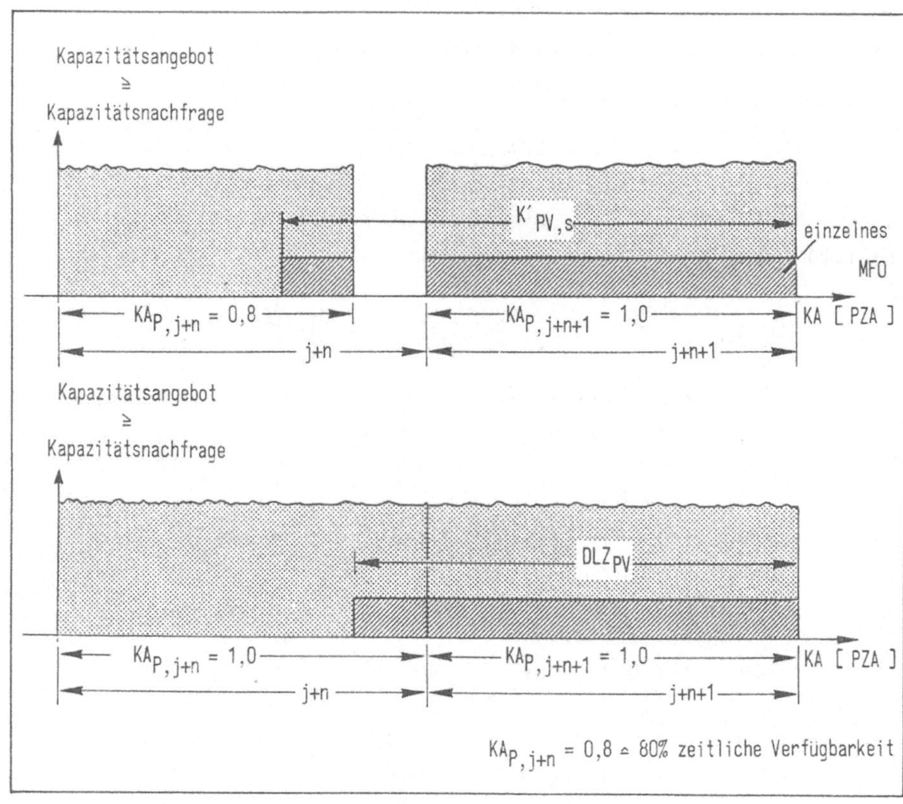

Bild 18: Durchlaufzeit eines einzelnen Materialflußobjekts in Abhängigkeit zur zeitlichen Verfügbarkeit der benötigten Kapazität

Das bedeutet, der "neue" $PB_{PV,j+1}$ ergibt sich durch Verbuchung von Zu- und Abgängen zum "alten" $PB_{PV,j}$. Abgänge sind der Auftragsbedarf und der Mehrbedarf ($AB_{PV,j+1}$ * MFB_{PV}). Als Zugang ist der Reservierungsbedarf zu verbuchen. Nach RB_{PV} umgeformt ergibt sich folgende allgemeine Formel:

$$(4.2) \qquad RB_{PV,s} = AB_{PV,s} * MFB_{PV} + PB_{PV,s} - PB_{PV,s-1}$$

$$s = j+1, j+2, \ldots, j+\Omega-1$$

Vor dem Lager (siehe Bild 16) vereinigen sich die Reservierungsbedarfe der einzelnen Verwender r (r = $P, P_1, \ldots, P_R$; R: = (Anzahl aller Materialflußobjekte, die V verbrauchen)) zu einer - S u m me R e s e r v i e r u n g s b e d a r f ($SRB_{V,s}$) - .

$$(5) \quad SRB_{V,s} = \sum_{r=P}^{P_R} RB_{rV,s}$$

$$s = j+1, j+2, \ldots, j+\Omega-1$$

Die Zeitreihe $SRB_{V,s}$ ist Ausgangspunkt der Ermittlung des - S i c h e r h e i t s b e s t a n d e s ($SB_{V,s}$) - .   Er muß den geplanten Abgang am Lagerausgang ($SRB_{V,s}$) über einen definierten Zeitraum (= Sicherheitszeit (SZ_V)) absichern. Der $SB_{V,s}$ ergibt sich wie folgt:

$$(6) \quad SB_{V,s} = \sum_{s'=s+1}^{s+int(SZ_V)} SRB_{V,s'} + (SZ_V - int(SZ_V)) * SRB_{V,s+1+int(SZ_V)}$$

$$s = j+1, j+2, \ldots, j+\Theta$$

$$\Theta: = f(\Phi_R, DLZ_{RV}, KA_{R,S}, SZ_V); \quad (\Theta \in |N)$$
int(...): auf ganze Zahlen abgerundet

Danach wird der - B r u t t o b e d a r f ($BB_{V,s}$) - berechnet. Es ist derjenige Bedarf nach Menge und Termin, der o h n e Betrachtung ggf. vorhandener Bestände am Lagereingang, durch dem Bestandsführungsbereich vorgelagerte Materialflußbereiche befriedigt werden muß. Der Bruttobedarf unterscheidet sich von der Summe Reservierungsbedarf ($SRB_{V,s}$) durch Mengen, die zum Aufbau des Sicherheitsbestandes benötigt, bzw. bei einem Abbau frei werden und der Bedarfsdeckung zur Verfügung stehen. Der Bruttobedarf errechnet sich wie folgt:

$$(7) \quad BB_{V,s} = SRB_{V,s} + SB_{V,s} - SB_{V,s-1}$$

$$s = j+1, j+2, \ldots, j+\Theta-1$$

Aus dem Bruttobedarf und dem zum Planungszeitpunkt j[1] - v e r -
f ü g b a r e n I s t b e s t a n d (VB-IST$_{V,j}$) - wird schließlich der - N e t t o b e d a r f (NB$_{V,s}$)- ermittelt. Beim Nettobedarf handelt es sich um diejenigen Mengen, die durch Aufträge
befriedigt werden müssen.

Bei der Errechnung des, der Nettobedarfsermittlung, zugrundeliegenden verfügbaren Istbestandes wird vom Bestand der i.o.-Mengen zum
Planungszeitpunkt - i.o.-Bestand $_{V,j}$ - ausgegangen. Auswirkungen
auf den verfügbaren Istbestand haben einerseits, der geplante Sicherheitsbestand zum Heutezeitpunkt SB$_{V,j}$ und andererseits, der
geplante Prozessbestand PB$_{V,j}$ (vgl. Kapitel 5.2.1).

Demnach berechnet sich der verfügbare Istbestand (VB-IST$_{V,j}$) im
aktuellen Planungszeitabschnitt j wie folgt:

$$(8) \qquad \text{VB-IST}_{V,j} = \text{i.o.-Bestand}_{V,j} - \text{SB}_{V,j} - \sum_{r=P}^{P_R} \text{PB}_{rV,j}$$

$$R: = (\text{Anzahl Verbraucher des Materialflußobjektes V})$$

Der Nettobedarf ergibt sich, indem der Bruttobedarf um den verfügbaren Istbestand reduziert wird. Er tritt über dem Planungshorizont erstmals dort auf, wo der kumulierte Bruttobedarf größer als
der Istbestand wird:

$$(9.1) \qquad D_S = \text{VB-IST}_{V,j} - \sum_{s'=j+1}^{s} \text{BB}_{V,s'}$$

$$(9.2) \qquad \text{NB}_{V,s}: = \begin{cases} 0; & \text{falls } D_S \geq 0 \\[2ex] |D_S|; & \text{falls } D_S < 0 \end{cases}$$

$$s = j+1, j+2, \ldots, j+\Theta-1$$

---

1) Beim "Planungszeitpunkt" handelt es sich um den gerade aktuellen Planungszeitabschnitt j. In Ergänzungen zu bisherigen Defi-
nitionen handelt es sich bei seinem rechten Rand um den "Heutezeitpunkt".

6 <u>Instrumentelle Lösung</u>

Die instrumentelle Lösung verfolgt vorrangig zwei Ziele. Einerseits soll die Machbarkeit der funktionalen Lösung sichergestellt werden. Andererseits ist die Verknüpfung und Steuerung der einzelnen Funktionsmodule in einem funktionsfähigen Fertigungssteuerungssystem zu gewährleisten (siehe Kapitel 6.2).
Die Machbarkeit beispielsweise ist gefährdet durch:

- den hohen Aufwand für die kapazitätsorientierten Auftragsbildungsverfahren,
- das sehr große Mengengerüst an Materialflußobjekten und vor allem
- die geforderte Planungsaktualität.

Der aufgezeigte Konflikt kann nur durch geeignete Maßnahmen zur Aufwandsminimierung gelöst werden.

6.1 <u>Maßnahmen zur Aufwandsminimierung</u>

6.1.1 <u>Änderungsrechnungskonzept</u>

Die vorliegende Aufgabenstellung lautet, den Aufwand für die Aufgabendurchführung so niedrig wie möglich zu halten, ohne dadurch eine Lösung der funktionalen Anforderungen zu gefährden. Deshalb sollen zunächst, im Gegensatz zur Neuplanung (vgl. Kapitel 2.3) nicht grundsätzlich alle MFO "anfaßt" werden. Vielmehr werden nur diejenigen Materialflußobjekte planerisch behandelt, bei deren Daten eine Abweichung vom Plan auftritt (Ä n d e r u n g s - r e c h n u n g s g e d a n k e) .
Damit ist die Erfassung von Planabweichungen für ein Änderungsrechnungskonzept von besonderer Bedeutung. Die geforderte Planungsaktualität zwingt zu einer p e r m a n e n t e n
Ü b e r w a c h u n g sämtlicher, bei einer Mengen- und Terminplanung betrachteten Planungsgrößen (Bedarf, Aufträge, Kapazität usw.). Die in diesem Zusammenhang auftretenden Problemstellungen werden nachfolgend diskutiert.

- Erfassung und Bewertung von Planabweichungen-/änderungen

Prinzipiell gibt es die Möglichkeiten, den Zustand einer Plangröße z y k l i s c h oder e r e i g n i s a b h ä n g i g zu kontrollieren. Die hier vorliegende Problemstellung soll am Beispiel Auftragsüberwachung aufgezeigt und diskutiert werden. Die Aufgabenstellung an die operative Ebene lautet, einen Auftrag exakt nach Menge und Termin zu erfüllen. Damit ergeben sich für eine Überwachung der Auftragserfüllung die folgenden Möglichkeiten:

a) E r e i g n i s a b h ä n g i g e Auslösung einer Kontrolle nach I s t - Auftragsabschluß oder Ablieferung eines Transportbehälters,

b) E r e i g n i s a b h ä n g i g e Auslösung eines Kontrollvorganges mit dem Erreichen eines g e p l a n - t e n Auftragfertigstellungstermins und

c) Z y k l i s c h e Kontrolle in gleichmäßigen Abständen.

Die Möglichkeit a) ist als gangbarer Weg auszuschließen. Denn das Nichtfertigen eines geplanten Auftrages würde von der Überwachung nicht erkannt werden. Die Lösung b) hat den Nachteil, daß hier ggf. zu spät kontrolliert wird. Diese Gefahr besteht vor allem dann, wenn sich ein Auftrag über mehrere Planungszeitabschnitte erstreckt. Damit verbleibt die Möglichkeit c) der zyklischen Überwachung. Dabei muß der Zyklus einerseits kurz genug sein, um das bei b) angesprochene Problem eines zu späten Kontrollierens zu umgehen und andererseits lang genug, um der operativen Ebene den vorgegebenen Spielraum bei der Planerfüllung zu belassen. Das hier angesprochene Problem wird deutlich, wenn man sich die Aufgabenstellung der operativen Ebene vor Augen führt.

Die geplanten Mengen (Teilmengen) sind innerhalb des jeweils hierfür vorgesehenen Planungszeitabschnitts zu erbringen. Eine Kontrolle in Zyklen, die kürzer sind als die Elemente der Zeitrasterung, weist lediglich einen relativen Stand bezüglich der zum Ende eines Planungszeitabschnittes geplanten Auftrags- oder Teilauftragserfüllung aus. Eine Kontrolle ist jedoch nur dann sinnvoll, wenn die operative Ebene auf eine Vorgabe verpflichtet werden kann. Dies ist erst mit Abschluß eines Planungszeitabschnittes möglich. Das heißt, K o n t r o l l t e r m i n und E n d e

e i n e s   P l a n u n g s z e i t a b s c h n i t t e s   fallen
zusammen.

Ausgangspunkt der nachfolgenden Überlegung ist eine erkannte Planabweichung bei der Auftragserfüllung. Dabei sind quantitativ zwei
Bewertungen möglich, nämlich Soll > Ist (Rückstand) und Soll < Ist
(Vorgriff). Es ergibt sich zwangsläufig die Frage, wie das Pla-
nungssystem einen solchen Sachverhalt zu beurteilen hat und welche
Konsequenzen daraus gezogen werden sollen.
Die Analyse dieses Problems zeigt, daß die Auftragserfüllung
n i c h t   i s o l i e r t   betrachtet werden kann. Vielmehr ist
sie nur im Zusammenhang mit   a n d e r e n ,   seit dem letzten
Kontrolltermin angefallenen   P l a n a b w e i c h u n g e n
(= Ist-Planänderungen) zu bewerten.
Ein geplanter Auftragszugang dient nämlich dazu, innerhalb eines
Bestandsführungsbereiches einen "stabilen" Bestandszustand herzu-
stellen. Dieser soll dafür sorgen, daß, solange Bedarf vorliegt
der Versorgungsstrom in Richtung der verbrauchenden Stellen nicht
abreißt. Das bedeutet, ein Auftrag (Teilauftrag) kann zwar exakt
erfüllt sein, und trotzdem kann eine Planungsnotwendigkeit vorliegen. Dies ist z.B. dann der Fall (vgl. Bild 19), wenn zwischen
den Kontrollzeitpunkten ein nicht vorhergesehen hoher Ausschuß anfällt. Im umgekehrten Fall kann ein zu geringer Auftragszugang,
bezüglich seiner Bestandswirkung, ggf. dadurch ausgeglichen werden, daß ein geringerer Ausschuß als erwartet auftritt oder der
Verbrauch planabweichend zu gering ist.
Eine   g e m e i n s a m e   Bewertung der Wirkung von Ist-Planänderungen ermöglicht die Betrachtung des, zu einem aktuellen
Zeitpunkt vorliegenden Bestandes (= Istbestand). Alle Planabweichungen bilden sich in ihrer Wirkung auf den Istbestand ab. So
können sich zum Beispiel ein zu geringer Auftragszugang und ein
unvorhersehbar geringer Ausschuß in ihrer Wirkung kompensieren.
Eine Bildung neuer Aufträge, die den Rückstand beinhalten, ist
nicht notwendig. Für die Überwachung und Bewertung der   I s t -
P l a n ä n d e r u n g   genügt demnach eine   K o n t r o l l e
des   I s t b e s t a n d e s .
Zur Absicherung der aufgezeigten Vorgehensweise muß das Auftrags-
verständnis der operativen Ebene geklärt werden. Das vorliegende

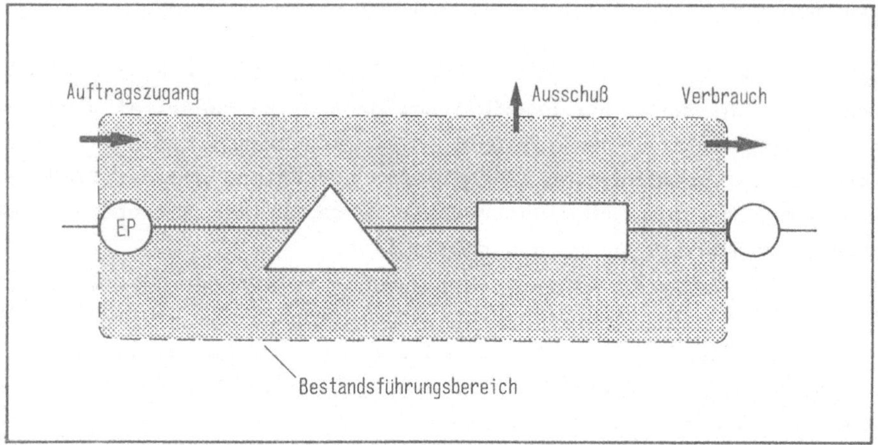

Bild 19: Planabweichung an der Heutelinie (Istabweichungen) bezüglich eines ganzheitlich geführten Bestandes

Problem wird am obigen Beispiel des Rückstandes und des e n t -
s p r e c h e n d   zu "geringen" Ausschusses erläutert. Die Bestandsüberwachung erkennt in diesem Fall den aufgetretenen Rückstand nicht. Die Rückstandsmenge wird auch nicht benötigt, da sie durch den geringeren Ausschuß ausgeglichen werden konnte. Eine Bildung neuer Aufträge ist nicht notwendig. Das bedeutet aber auch, daß die Rückstandsmenge n i c h t   n a c h g e l i e -
f e r t   werden darf, sonst entstehen unnötig hohe Bestände. Für die operative Ebene hat das die Konsequenz, daß mit dem Abschluß eines Planungszeitabschnittes, unabhängig von der mengenmäßigen Erfüllung eines Auftrages oder Teilauftrages, dieser als abgeschlossen gelten muß. Diese Festlegung deckt sich mit den Möglichkeiten der operativen Ebene. In der Regel sind hier im nachfolgenden Planungszeitabschnitt keine kapazitiven Reserven vorhanden, um zusätzlich Rückstandsmengen zu fertigen.

Liegen die Planänderungen bezüglich des aktuellen Kontrollzeitpunktes in der Zukunft, handelt es sich um P l a n ä n d e -
r u n g e n   (= Plan-Planänderungen). Auch die zukünftigen Planänderungen müssen erfaßt werden. Hierzu zählen z.B.:

- Bedarfsänderungen,
- Änderungen des Kapazitätsangebots,
- Änderungen des Kapazitätsbedarfs eines Materialflußobjekts
  (Stückzeit),
- Änderungen von Stammdaten wie Menge je Einheit (MJE),
  Mehrbedarfsfaktor (MBF),
- Änderungen in der Zusammensetzung einer Kapazitätsgruppe
  usw.

Auch die Plan-Planänderungen können, mit wenigen Ausnahmen (siehe
hierzu Kapitel 6.2.1), auf den Bestand abgebildet werden. Folglich
ist auch hier eine gemeinsame Überwachung und Bewertung von Planänderungen über eine Bestandsbetrachtung möglich. Dabei muß berücksichtigt werden, daß der Istbestand als Ergebnis möglicher
Ist-Planänderungen Einfluß auf die Entwicklung des zukünftigen Bestandes nimmt.

- Mengentoleranz als Voraussetzung für ein Änderungsrechnungskonzept
Im Zusammenhang mit der Istbestandsüberwachung muß das Problem
I s t a b w e i c h u n g e n diskutiert werden. Alle Planabweichungen der Vergangenheit (Ist-Planänderungen) spiegeln sich zum
Kontrollzeitpunkt in Summe im Istbestand wider. Ein Vergleich mit
einem, für diesen Zeitpunkt errechneten Sollbestand weist ggf. Abweichungen auf. Diese müssen, um die geforderte Planungsaktualität
zu gewährleisten, zum Anlaß genommen werden, neue Aufträge zu bilden.
Das vorliegende Problem besteht nun darin, daß sich fast zwangsläufig bei den weitaus meisten Materialflußobjekten Soll-/Istab-
weichungen ergeben werden. Verantwortlich dafür sind die kunden-
auftragsneutralen, nicht kommissionierten M e n g e n s t r ö -
m e an Materialflußobjekten im Automobilbau. Unter diesen Um-
ständen wäre es für die operative Ebene extrem schwierig eine
s t ü c k g e n a u e Transportbehälterfüllung, eine s t ü c k-
g e n a u e Auftragsablieferung oder einen s t ü c k g e -
n a u e n Verbrauch usw. zu erreichen. Eine entsprechende Anforderung wäre praxisfremd. Weiterhin ist eine stückgenaue gegensei-
tige Kompensation unterschiedlicher Ist-/Planänderungen extrem

u n w a h r s c h e i n l i c h . Das bedeutet, daß aufgrund der
geforderten Planungsaktualität nach jedem Planungszeitabschnitt
für sämtliche Elemente der Planungsstruktur ein Planungsvorgang
angestoßen werden müßte. Ein Änderungsrechnungskonzept, bei dem,
ausgehend von einzelnen Änderungen, nur bestimmte Elemente der
Struktur "angefaßt" werden sollen ist damit nicht mehr möglich.
Es liegt vielmehr ein Fall von p e r m a n e n t e r (zykli-
scher) Neuplanungsnotwendigkeit für s ä m t l i c h e Materialflußobjekte vor. Dies ist jedoch mit Sicherheit nicht realisier-
bar. Während nämlich konventionelle Fertigungssteuerungssysteme
komplette Neuaufwürfe in wöchentlichen/monatlichen Abständen
durchführen, ist eine noch kürzere (permanente) Durchführungsrate
unter den vorliegenden Randbedingungen nicht vorstellbar.
Als Ausweg aus dem aufgezeigten Dilemma m ü s s e n geringfügige m e n g e n m ä ß i g e S o l l - / I s t a b w e i -
c h u n g e n (M e n g e n t o l e r a n z e n) z u g e -
l a s s e n w e r d e n .
Eine Mengentoleranz beschreibt die zulässige Abweichung des Istbestandes von einem vorgesehenen Planwert. Durch die Mengentoleranz
wird verhindert, daß u n w e s e n t l i c h e Abweichungen zu
einer neuen Mengen- und Terminplanung führen und damit das Änderungsrechnungskonzept unmöglich machen.

Nachdem beim Istbestand Abweichungen zugelassen werden, ist
zwangsläufig die Frage zu klären, ob dies beim zukünftigen Bestand (Planbestand) nicht ebenfalls notwendig ist. Die Frage ist
eindeutig zu beantworten, und zwar sprechen zwei wesentliche Argumente f ü r eine Fortschreibung der Mengentoleranzen in der
Zukunft:

1. Die an der Heutelinie zugelassenen Planabweichungen
   pflanzen sich in Richtung Zukunft fort. So wird eine Abweichung von z.B. 10 Einheiten an der Heutelinie bei
   nachfolgend planmäßigem Auftragszugang und Verbrauch
   nicht abgebaut, sondern bleibt erhalten. Ohne Mengentoleranz auch in der Zukunft würde damit eine Abweichung an
   der Heutelinie zu einer unzulässigen zukünftigen Be-
   standsabweichung führen.

2. Die Datengüte nimmt mit dem Abstand von der Heutelinie ab
   /53/. Das bedeutet, die Wahrscheinlichkeit steigt, daß
   ein Datum noch geändert wird. Eine relativ unsichere Änderung in der Zukunft darf jedoch bei einer Beurteilung,
   ob eine Planung notwendig ist, nicht höher bewertet werden als eine Planänderung nahe der Heutelinie.

Daraus folgt, daß neben den   T o l e r a n z w e r t e n ,   die
zulässige Bestandsabweichungen an der Heutelinie beschreiben,
auch   T o l e r a n z f u n k t i o n e n   eingeführt werden
müssen, die der Bewertung zukünftiger Planänderungen dienen. Auch
die Plan-Planänderungen können, mit wenigen Ausnahmen (siehe Kapitel 6.2.1), auf den zukünftig zu erwartenden Bestand (Bestandsverlauf) abgebildet werden. Dieser muß zwangsläufig den Istbestand an
der Heutelinie berücksichtigen. Damit beschreiben die Toleranzfunktionen die zulässige Abweichung eines Bestandsverlaufes als
Folge von Ist- und Plan-Planänderung von einem "idealen" Bestandsverlauf als Ergebnis einer Mengen- und Terminplanung.
Die zulässigen Bestandsabweichungen werden mit dem Abstand von der
Heutelinie größer. Dadurch wird dem Umstand Rechnung getragen, daß
mit der Entfernung vom Heutezeitpunkt die Wahrscheinlichkeit weiterer, die gegenwärtige Situation verändernder Planänderungen zu-
nimmt. Mit einer sich in der Zukunft öffnenden Toleranzfunktion
wird eine zunehmende Dämpfung der Planungssensibilität mit der
Entfernung einer Planänderung vom Heutezeitpunkt erreicht.

- Funktion Planüberprüfungsrechnung
Die Aufgabe einer Funktion Planüberprüfungsrechnung ist die Überwachung und Bewertung von Planänderungen. Die Bewertung erfolgt
mit Hilfe von Toleranzwerten und -funktionen. Diese stellen eine
zulässige mengenmäßige Abweichung eines realen Istbestandes/Plan-
bestandsverlaufs im Vergleich zu einem Bestandsverlauf als Ergebnis einer abgeschlossenen Mengen- und Terminplanung (vgl. Abschnitt - a) Planbestandsbestimmung -) dar. Werden die vorgegebenen Toleranzen verletzt, muß eine neue Mengen- und Terminplanung
angestoßen werden.
Im Rahmen der Funktion Planüberprüfungsrechnung werden aus praktischen Gesichtspunkten die Toleranzwerte an der Heutelinie und

die zukünftigen Toleranzfunktionen zu e i n e r   e i n z i -
g e n   Funktion je Materialflußobjekt verknüpft. Damit stellt der
erste Wert einer Toleranzfunktion die zulässige Abweichung an der
Heutelinie dar. Die Toleranzfunktionen werden in funktioneller Abhängigkeit vom Bedarf festgelegt. So wird erreicht, daß höhere Abweichungen vom Plan zugelassen werden, wenn ein höherer Bedarf
vorliegt. Dies ist sinnvoll, da bei gleichem relativem Fehler einer Primärbedarfs-Vorhersage die Abbaugeschwindigkeit eventuell zu
hoher Bestände bei hohen Bedarfen größer ist als bei geringen.

Toleranzwerte existieren für jeden Planungszeitabschnitt j+n
(n=1,2...,N; N∈|N) über dem Planungshorizont. Sie setzen nach
"oben" hin auf einem idealen Bestandsverlauf (siehe Abschnitt ⊸ a)
Planbestandsbestimmung-) als Ergebnis einer in PZA j abgeschlossenen Planung auf (vgl. Bild 20). Nach "unten" hin stellt grundsätzlich der jeweilige Abstand zur Abszisse den Toleranzwert dar.
Durch die Orientierung der unteren Toleranzfunktion an der Abszisse und nicht am Planbestandverlauf wird zusätzlicher Abweichungs-
spielraum gewonnen. Dies führt tendenziell dazu, daß die Bestände
gesenkt werden, ohne daß dadurch die Verfügbarkeit gefährdet ist.
Die Toleranzfunktionen umhüllen einen T o l e r a n z b e -
r e i c h ,   in dem sich ein zukünftiger (>j) Ist- oder Planbestand bewegen darf, ohne daß eine Neuplanung ausgelöst wird.

Aus Aufwandsgründen (Pflege) sind die Toleranzfunktionen nicht
stetig steigend ausgebildet, sondern jeweils über einen bestimmten
Zeitraum ([j,j+p),[j+p,j+q) usw.) konstant. Das Öffnen in Richtung
Zukunft wird durch das Einführen einer Anzahl Sprungstellen erreicht (Bild 20). Dieser größere Toleranzspielraum ist jedoch nur
temporär gegeben. Mit dem Fortschreiten der Heutelinie werden die
Toleranzfunktionen schrittweise immer enger an den ursprünglich
geplanten Bestandsverlauf herangezogen. So kann eine Plan-Planänderung mit der Zeit dann doch dazu führen, daß Planungsaktivitäten
ausgelöst werden. Erreicht wird in Summe jedoch eine Senkung der
Planungshäufigkeit und damit eine Aufwandsreduzierung. Aufgrund
der geschilderten Vorgehensweise wird deutlich, daß der in Bild 20
aufgezeigte Zugriff auf den Sicherheitsbestand nur s c h e i n -
b a r   stattfindet.

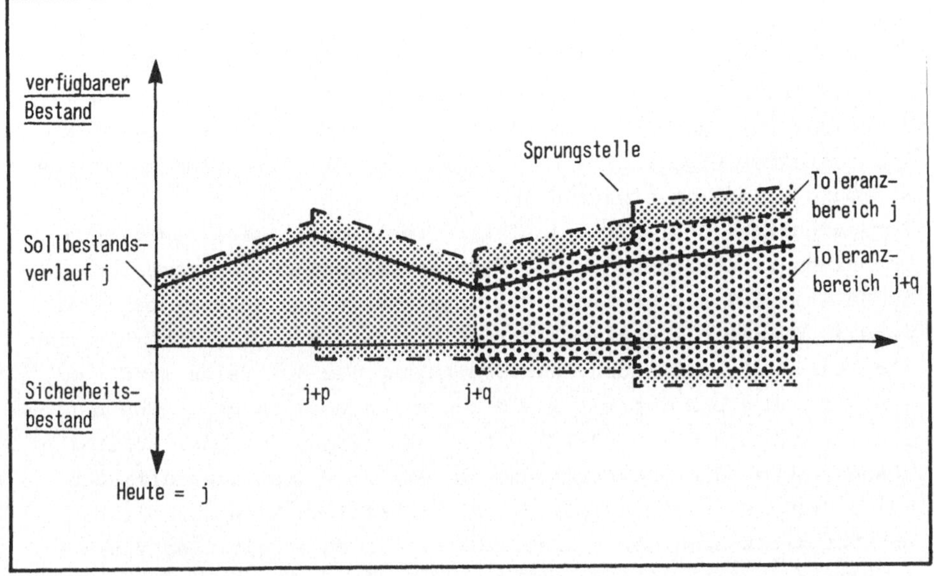

Bild 20 : Umhüllung des Soll-Bestandsverlaufs (Ergebnis einer zum "Zeitpunkt" j abgeschlossenen Mengen- und Terminplanung) durch Toleranzbereiche mit dem jeweiligen Gültigkeitstermin j bzw. j+q (Gültigkeitsbeginn = aktueller Heutetermin)

Um weiterhin den Pflegeaufwand zu reduzieren, erfolgt die zeitliche Verschiebung der Sprungstellen. Damit ergeben sich, wie in Bild 20 dargestellt, in Abhängigkeit des Erstellungs-/Verschiebetermins (j, j+q usw.), die dann jeweils gültigen Toleranzfunktionen bzw. Toleranzbereiche.

Die Aufgaben der Planüberprüfungsrechnung werden aus Gründen der Übersichtlichkeit auf vier Funktionsbausteine verteilt. Dabei liefert die Planbestandsbestimmung die Voraussetzungen für eine Planüberprüfungsrechnung. Der Funktionsbaustein Planbestandsaktualisierung dient zur Bewertung von Ist-Planänderungen. Während mit Hilfe der Planbestandsermittlung die zukünftigen Planänderungen (Plan-Planänderungen) in ihrer Wirkung auf die Bestandsentwicklung beurteilt werden. Mit dem Funktionsbaustein Toleranzverschiebung schließlich wird die zyklische Fortschreibung der Toleranzfunktionen durchgeführt.

a) Planbestandsbestimmung

Von der P l a n b e s t a n d s b e s t i m m u n g wird der
- z u k ü n f t i g e B e s t a n d s v e r l a u f $(VB^j_{P,s})$ -
eines Materialflußobjektes P ermittelt, wie er sich als Ergebnis
einer zum Zeitpunkt j abgeschlossenen Mengen- und Terminplanung
für das MFO P ergibt. Die Algorithmen zur Funktion Planbestandsbestimmung werden nachfolgend beschrieben.

Der zukünftige Bestandsverlauf wird bestimmmt, indem, ausgehend
von einem zu errechnenden verfügbaren Istbestand (entsprechend (8)
in Kapitel 5.2.2), geplante Auftragszugänge und Bedarfe bilanziert
werden. Dieser Planbestandsverlauf bleibt als Soll gültig bis zur
nächsten Auftragsbildung. Zur Ermittlung der Zeitreihe wird vom
- v e r f ü g b a r e n I s t b e s t a n d z u m H e u t e -
z e i t p u n k t j $(VB\text{-}IST_{P,j})$ - ausgegangen. Bei der Zeitreihe
müssen sowohl die - Auftragsmengen $(AV_{P,s})$ - des Materialflußobjekts (MFO) P in einem beliebigen, zukünftigen Planungszeitabschnitt s als auch der - Bruttobedarf des Materialflußobjektes P
.im Planungszeitabschnitt s $(BB_{P,s})$ - berücksichtigt werden. Demnach ergibt sich ein - P l a n b e s t a n d s w e r t $(VB^j_{P,s})$
zu einem Termin s, ermittelt im PZA j - wie folgt:

$$(10) \qquad VB^j_{P,s} = VB\text{-}IST_{P,j} + \sum_{s'=j+1}^{s} AV_{P,s'} - \sum_{s'=j+1}^{s} BB_{P,s'}$$

$$s = j+1, j+2, \ldots, j+\Phi \text{ (bzw. } j+\Theta-1)$$

$VB^j_{P,s}$: Soll-Bestandsverlauf beginnend mit dem Zeitpunkt j+1, ermittelt im PZA j

Im Rahmen der Planbestandsermittlung werden weiterhin die Toleranzfunktionen und sogenannten Referenzwerte ermittelt. Die - obe-
re Toleranzfunktion $(TFO_{P,s})$ - des Materialflußobjekts P zum Zeitpunkt s ergibt sich aus den oberen Toleranzwerten TWO1 und TWO2
usw. in Abhängigkeit von s. Die Toleranzwerte sind vom Disponenten
in Abhängigkeit des erwarteten Bedarfs festzulegen.
Die - o b e r e T o l e r a n z f u n k t i o n $(TFO_{P,s})$ -
errechnet sich wie folgt:

$$
(11) \quad TFO_{P,s} := \begin{cases} TWO1 & \text{für } s = j+1, j+2, \ldots, j+\alpha \\ TWO2 & \text{für } s = j+\alpha+1, j+\alpha+2, \ldots, j+\beta \\ \quad \cdot & \\ \quad \cdot & \\ \quad \cdot & \\ \quad \cdot & \\ TWOn & \text{für } s = j+\sigma+1, j+\sigma+2, \ldots, j+\Phi \end{cases}
$$

$$s = j+1, j+2, \ldots, j+\Phi$$
$$\alpha, \beta, \ldots, \sigma, \Phi \in |N$$

Die - u n t e r e   T o l e r a n z f u n k t i o n $(TFU_{P,s})$ -
des Materialflußobjekts P zum "Zeitpunkt" s wird durch die unteren
Toleranzwerte 0 und TWU1 usw. beschrieben. Sie ist wie folgt
definiert:

$$
(12) \quad TFU_{P,s} := \begin{cases} 0 & \text{für } s = j+1, j+2, \ldots, j+\alpha \\ - TWU1 & \text{für } s = j+\alpha+1, j+\alpha+2, \ldots, j+\beta \\ \quad \cdot & \\ \quad \cdot & \\ \quad \cdot & \\ \quad \cdot & \\ - TWUm & \text{für } s = j+\sigma+1, j+\sigma+2, \ldots, j+\Phi \end{cases}
$$

$$s = j+1, j+2, \ldots, j+\Phi$$
$$\alpha, \beta, \ldots, \sigma, \Phi \in |N$$
$$m := n-1$$

Die Referenzwerte beschreiben die minimalen Abstände zwischen der
Planbestandskurve und den Toleranzfunktionen (vgl. Bild 21a). Dabei wird unterschieden zwischen - Referenzwerten nach oben (RO^{j}_{P}) -
und - Referenzwerten nach unten (RU^{j}_{P}) - ermittelt im Planungszeitabschnitt j. Der   - o b e r e   R e f e r e n z w e r t
(RO^{j}_{P}) (Lage und Betrag) - ergibt sich wie folgt:

$$(13) \qquad RO^j_P: = \min \{ \ TFO_{P,s} \ \}$$

$$s = j+1, j+2, \ldots, j+\Phi$$

Der - u n t e r e   R e f e r e n z w e r t (RU^j_P) -   ist abhängig vom - Planbestandswert $(VB^j_{P,s})$ - und der - unteren Toleranzfunktion $(TFU_{P,s})$ - . Er wird wie folgt ermittelt :

$$(14) \qquad RU^j_P: = \min \{ \ - TFU_{P,s} + VB^j_{P,s} \ \}$$

$$s = j+1, j+2, \ldots, j+\Phi$$

b) Planbestandsaktualisierung

Der Funktionsbaustein   P l a n b e s t a n d s a k t u a l i -
s i e r u n g   bewertet Ist-Planabweichungen bezüglich ihrer Wirkung sowohl an der Heutelinie wie auch in der Zukunft.
Dabei bildet der aktuelle Istbestand die Basis der Bewertung
(vgl. Bild 21b). Eine Überprüfung der Auswirkung der Istbestands-
situation auf die Zukunft ist aus zwei Gründen notwendig:

  a) Aufgrund der Orientierung der   u n t e r e n   Toleranz
     an der Abszisse erfolgt eine Verletzung der Toleranzfunk-
     tion nicht zwangsläufig an der Heutelinie j bzw. j+1.
  b) Im Laufe der Zeit ergeben sich ggf. Bedarfsänderungen,
     die in den aktuellen Bestandsverlauf einfließen. Damit
     kann eine Toleranzverletzung vom aktuellen Betrachtungs-
     zeitpunkt aus gesehen auch in der Zukunft liegen.

Durch die Nutzung der Referenzwerte beschränkt sich der Überprü-
fungsaufwand im Rahmen der Planbestandsaktualisierung auf ein Mi-
nimum. Ein Istbestand an der Heutelinie muß lediglich gegen die
beiden Referenzwerte geprüft werden. Die Nutzung von Referenzwerten ist möglich, weil eine Istabweichung an der Heutelinie nur zu
einer Parallelverschiebung des aktuellen Planbestandsverlaufs gegenüber dem zuletzt gültigen Planbestandsverlauf führt. Die
- A b w e i c h u n g   d -   des - aktuellen Istbestandes
$(VB\text{-}IST_{P,j+n})$ - (Ermittlung analog zu (8)) zum Überprüfungszeit-

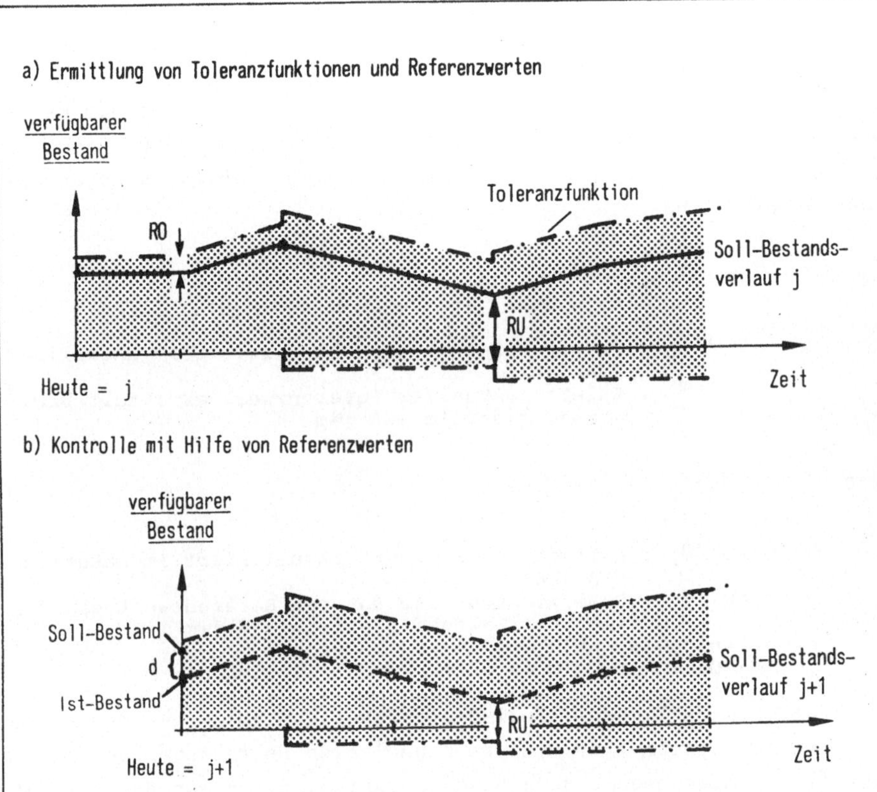

Bild 21 : Ermittlung und Nutzung von Referenzwerten RO^j_P, RU^j_P zur Bestandskontrolle.

punkt j+n, vom für diesen Zeitpunkt geplanten Bestand $VB^{j+m}_{P,j+n}$, - darf nicht größer sein als die aktuellen Referenzwerte (RO^{j+m}_P/RU^{j+m}_P) - (vgl. Bild 21a und b). Die Abweichung d zum Zeitpunkt j+n errechnet sich wie folgt:

$$(15) \qquad d = VB\text{-}IST_{P,j+n} - VB^{j+m}_{P,j+n}$$

$VB\text{-}IST_{P,j+n}$: Aktueller verfügbarer Istbestand des MFO's P zum Heutezeitpunkt j+n

$VB^{j+m}_{P,j+n}$: Soll-Bestandswert des MFO's P für den Zeitpunkt j+n ermittelt bzw. aktualisiert zu einem Zeitpunkt j+m

$m \in |N; \quad m < n; \quad m \in |N_0$

$j+0: = j$

Ist $d \geq RO^{j+m}_P$ (für $d \geq 0$) oder $|d| > RU^{j+m}_P$ (für $d < 0$), liegt eine Planungsnotwendigkeit vor.

Wenn die Toleranzfunktionen nicht verletzt sind, müssen die Referenzwerte aktualisiert werden. Die Aktualisierung ergibt sich durch Addition der Abweichung d zu den zuletzt gültigen Referenzwerten RO^{j+m}_P bzw. RU^{j+m}_P

$$(16) \qquad RO^{j+n}_P := RO^{j+m}_P - d$$

RO^{j+n}_P : Oberer Referenzwert aktualisiert im aktuellen PZA j+n

RO^{j+m}_P : Zuletzt aktueller Referenzwert ermittelt bzw. aktualisiert im PZA j+m

$$(17) \qquad RU^{j+n}_P := RU^{j+m}_P + d$$

RU^{j+n}_P : Unterer Referenzwert aktualisiert im aktuellen PZA j+n

RU^{j+m}_P : Zuletzt aktueller unterer Referenzwert ermittelt bzw. aktualisiert im PZA j+m

$m < n$; $n \in |N$; $m \in |N^O$

$j + 0 := j$

Der vom ursprünglichen - Soll-Bestandsverlauf $VB^{j}_{P,s}$ - oder einem - zwischenzeitlich aktualisierten geplanten Bestandsverlauf $VB^{j+m}_{P,s}$ - abweichende neue Bestandsverlauf folgt aus dem zuletzt gültigen Verlauf durch Parallelverschiebung um den Abweichungswert d:

$$(18) \qquad VB^{j+n}_{P,s} := VB^{j+m}_{P,s} - d$$

$$s = j+n+1, j+n+2, \ldots, j+\Phi$$

$m < n$; $n \in |N$; $m \in |N^O$

$j + 0 := j$

c) Planbestandsermittlung

Die P l a n b e s t a n d s e r m i t t l u n g aktualisiert zunächst den zuletzt gültigen Bestandsverlauf. Das geschieht, indem angefallene - B e d a r f s ä n d e r u n g e n ($dBB_{P,s}$) - in der Zeitreihe berücksichtigt werden.

Bedarfsänderungen können auf eine Reihe von Ursachen zurückgeführt werden. So beispielsweise eine Auftragsänderung bei einem verbrauchenden Materialflußobjekt, eine Primärbedarfsänderung oder eine Änderung von Stammdaten wie - Menge je Einheit (MJE) - usw. (vgl. Kapitel 6.2.1). Der - a k t u a l i s i e r t e   P l a n b e - s t a n d s v e r l a u f - errechnet sich zum Zeitpunkt j+n wie folgt:

$$(19) \qquad VB^{j+n}_{P,s} := VB^{j+m}_{P,s} + dBB_{P,s}$$

$$s = j+n+1, j+n+2, \ldots, j+\Phi$$

$dBB_{P,s}$: Bedarfsänderungen am Materialflußobjekt P
$m < n;\ n \in |N;\ m \in |N^O$
$j+0: = j$

Durch die Bedarfsänderung verändern sich Lage und Betrag von RO^{j+m}_{P} bzw. RU^{j+m}_{P} :

$$(20) \qquad RO^{j+n}_{P} := \min \{ TFO_{P,s} + VB^{j}_{P,s} - VB^{j+n}_{P,s} \}$$

$$s = j+n+1, j+n+2, \ldots, j+\Phi$$
$$m < n;\ n \in |N;\ m \in |N^O$$

$$(21) \qquad RU^{j+n}_{P} := \min \{ - TFU_{P,s} + VB^{j+n}_{P,s} \}$$

$$s = j+n+1, j+n+2, \ldots, j+\Phi$$
$$m < n;\ n \in |N;\ m \in |N^O$$
$$j+0 := j$$

Schließlich muß bei der Planbestandsermittlung geprüft werden, ob der aktualisierte Bestandsverlauf den vorgegebenen Toleranzbereich verletzt. Eine   P l a n u n g s n o t w e n d i g k e i t   liegt vor, wenn RO^{j+n}_{P} oder $RU^{j+n}_{P} < 0$ ist.

d) Toleranzverschiebung
Der Funktionsbaustein   T o l e r a n z v e r s c h i e b u n g führt die zyklische Neubestimmung von Toleranzfunktionen und Referenzwerten durch.
Um den eingesetzten Rechner zu entlasten, wird der Funktionsbaustein an Wochenenden ausgeführt. Die Vorgehensweise entspricht der

in Abschnitt - a) Planbestandsbestimmung -(vgl. die Algorithmen
(10), (11), (12), (13) und (14)).

6.1.2 <u>Abwicklung der Funktionen Bedarfsermittlung und Istabrech-
       nung</u>

Im Vordergrund dieses Kapitels stehen Fragen der Abwicklung einzelner Aufgabenumfänge, wobei es darum geht, einerseits geeignete
Lösungen zu finden und dabei andererseits den Aufwand so gering
wie möglich zu halten.
Die Planüberprüfungsrechnung bzw. die Auftragsbildung spricht jeweils nur Materialflußobjekte auf e i n e r Dispositionsstufe
an, wohingegen von der Istabrechnung oder Bedarfsermittlung Materialflußobjekte auf u n t e r s c h i e d l i c h e n Dispositionsstufen betroffen sind. Daraus ergeben sich Abwicklungsalternativen, die nachfolgend diskutiert werden. Die Probleme der
Ablaufsteuerung sind für die Bedarfsermittlung von weit größerer
Bedeutung als für die Bestandsführung. Deshalb wird, abweichend
von der Vorgehensweise im Kapitel 5.2, die Funktion Bedarfsermittlung vor der Bestandsführung besprochen.

- Ablaufsteuerung der Funktion Bedarfsermittlung
Um bei der Bedarfsermittlung die Abwicklungsalternativen behandeln
zu können, muß zunächst geklärt werden, in welcher Form die vorgegebenen Zeitreihen (Auftragsverläufe) von der Bedarfsermittlung
übernommen bzw. dort behandelt werden sollen.

a) Absolut-/Differenzwertrechnung
Bei der A b s o l u t w e r t r e c h n u n g bestehen die
eingehenden bzw. berechneten Zeitreihen aus Werten je Planungszeitabschnitt. Sie geben den aktuellen Planungsstand in absoluten
Größen wieder. Ein Bezug zu einem vergangenen Planungsstand wird
bei der Absolutrechnung nicht gesucht. Insofern ist sie einem "ge-
dächtnislosen" Neuaufwurf vergleichbar. Dies wirkt sich bei der
Bedarfsermittlung (vgl. Kapitel 5.2.2) wie folgt aus:
Zur Bildung einer - Summe Reservierungsbedarf (SRB) - müssen bei
Mehrfachverwendung eines betrachteten Materialflußobjekts grundsätzlich s ä m t l i c h e RB-Zeitreihen komplett neu addiert

werden. Eine A k t u a l i s i e r u n g der alten Zeitreihe SRB_{alt} ist nicht möglich, auch wenn sich der Bedarf nur in einer Kante geändert hat (siehe Bild 22). Eine Absolutwertrechnung widerspricht demnach dem Änderungsrechnungsgedanken (vgl. Kapitel 6.1.1).

Im Gegensatz zur Absolutwertrechnung werden bei der D i f f e r e n z w e r t r e c h n u n g lediglich die Differenzen zwischen altem und neuem Zustand berechnet. Es findet also eine Aktualisierung statt, indem die alten Planungsdaten über Differenzen fortgeschrieben werden. Das heißt, die Summe Reservierungsbedarf SRB_s in Bild 22 wird durch Addition der Differenzzeitreihe dRB_s oder einzelner Segmente aktualisiert. Damit muß nur die tatsächlich betroffene Kante "angefaßt" und verrechnet werden. Für das zu entwickelnde Fertigungssteuerungssystem kann folglich nur eine Differenzwertrechnung in Frage kommen.

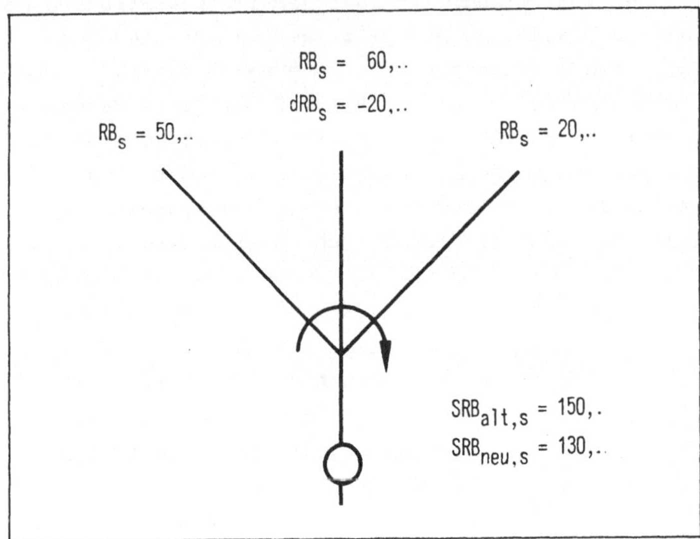

Bild 22 : Absolutwertrechnung und Mehrfachverwendung

b) Formen der Aufgabenabwicklung
Unter Steuerungsgesichtspunkten ergeben sich für die Bedarfsermittlung unterschiedliche Abwicklungsformen, je nachdem unter welchem Blickwinkel die Aufgaben der Bedarfsermittlung durchgeführt

werden. Es ist zwischen

- synthetischer,
- analytischer und
- gemischter Vorgehensweise

zu unterscheiden.

Die s y n t h e t i s c h e Vorgehensweise baut auf dem Teile-
verwendungsnachweis auf. Die Steuerung aller Berechnungen zwischen
zwei Materialflußobjekten erfolgt vom Standpunkt des, im Materialfluß vorgelagerten Materialflußobjektes aus. Bei einer synthetischen Vorgehensweise ist keine ereignisorientierte Auslösung der
Funktion Bedarfsermittlung möglich. Das Bild 23 verdeutlicht diesen Sachverhalt. Eine Auftragsänderung bei einem verbrauchenden
Materialflußobjekt kann unter einem synthetischen Blickwinkel nur
erkannt werden, indem vom "Standpunkt" aus sämtliche verbrauchende
Materialflußobjekte auf Änderung abgeprüft werden. Da wiederum
nicht bekannt ist, welche "Standpunkte" von einer Bedarfsänderung
betroffen sind, müssen in einer Art Neuaufwurf sämtliche Materialflußobjekte als mögliche Standpunkte für eine synthetische Strukturauflösung aufgegriffen werden. Dieser Aufwand stellt Planungsaktualität und Machbarkeit des Fertigungssteuerungssystem in Frage. Eine Anwendung der synthetischen Vorgehensweise wird demnach
ausgeschlossen.
Die a n a l y t i s c h e Vorgehensweise[1] zeichnet sich durch
den Blickwinkel in Planungsrichtung aus. Ausgehend von einem Materialflußobjekt (Standpunkt), bei dem neue Aufträge vorliegen, werden für die verbrauchten Materialflußobjekte die Bedarfe abgeleitet. Im Gegensatz zur synthetischen Vorgehensweise, müssen damit
ausschließlich die von Änderungen betroffenen Materialflußobjekte
"angefaßt" werden. Die analytische Vorgehensweise kommt damit für
eine Anwendung im Fertigungssteuerungssystem grundsätzlich in
Frage.
Wesentliches Merkmal der g e m i s c h t e n V o r g e -
h e n s w e i s e (Kantenmodell) ist, daß bei der Bedarfsermitt-

---

1) Hinweis: Für die analytische Vorgehensweise ist die Differenzwertrechnung (vgl. Abschnitt - a) Absolut-/Differenzwert-
   rechnung -) zwingende Voraussetzung.

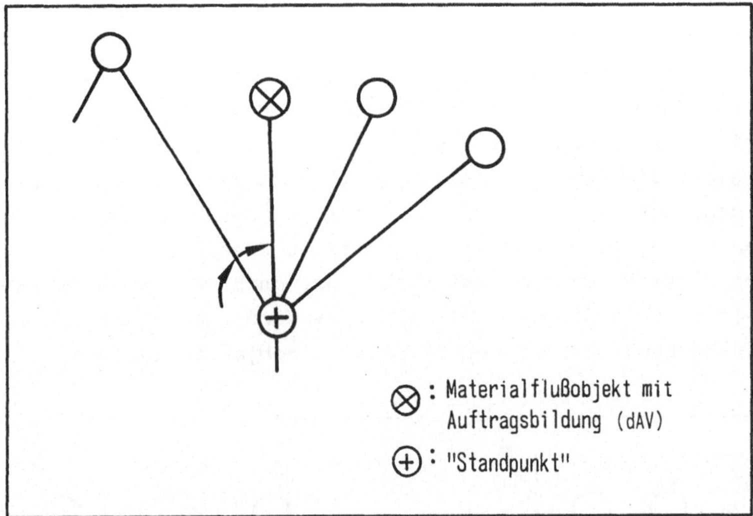

Bild 23 : Sequentielles Absuchen der ausgehenden Kanten nach einem Materialflußobjekt mit Auftragsbildung als Ausgangspunkt einer Bedarfsermittlung

lung sowohl eine synthetische als auch eine analytische Blickrichtung eingenommen werden kann (Aufgabenteilung zwischen vor- und nachgelagertem Materialflußobjekt). Vor dem Standpunktwechsel findet eine Abspeicherung von Zwischenergebnissen in einem, einer bestimmten Kante logisch zugeordneten Datenfeld statt (somit Kennzeichnung des betroffenen Vormaterials). Entsprechend dem zwischengespeicherten Ergebnis ergibt sich der Umfang des jeweiligen synthetischen bzw. analytischen Verfahrensanteils (Verfahrensvarianten). Beim Kantenmodell ist eine Nutzung des M e h r f a c h - v e r w e n d u n g s e f f e k t s möglich.
Dabei werden Teilaktivitäten der Bedarfsermittlung für mehrere von Änderungen betroffene Kanten zusammengefaßt. Neben einem Vorhandensein mehrerer Verbraucher (Mehrfachverwendung) sind

- identische Kantenstammdaten (Menge je Einheit, Mehrbedarfsfaktor, Durchlaufzeit) in den zusammenzufassenden Kanten und/oder
- das gleichzeitige Vorhandensein mehrerer Änderungen in verschiedenen Kanten

zwingende Voraussetzung für eine Nutzung des Mehrfachverwendungseffekts. Die rechnerische Zusammenfassung der Kanten muß unter
einem synthetischen Blickwinkel erfolgen (vgl. Bild 24). Der Mehr-
fachverwendungseffekt läßt sich dabei in dem Maße nutzen, in dem
Operationen zusammengefaßt werden können. Der Sinn einer Zusammenfassung ist die Aufwandsminimierung. Dabei ist auch von gewisser
Bedeutung, daß es sich hier um Zeitreihen handelt. Bei der analytischen Vorgehensweise dagegen ist keine Zusammenfassung von Aktivitäten möglich. Ursache dafür ist, daß unter einem analytischen
Blickwinkel kein Hinweis auf andere Verwendungen eines von einer
Bedarfsänderung betroffenen Materialflußobjektes besteht.

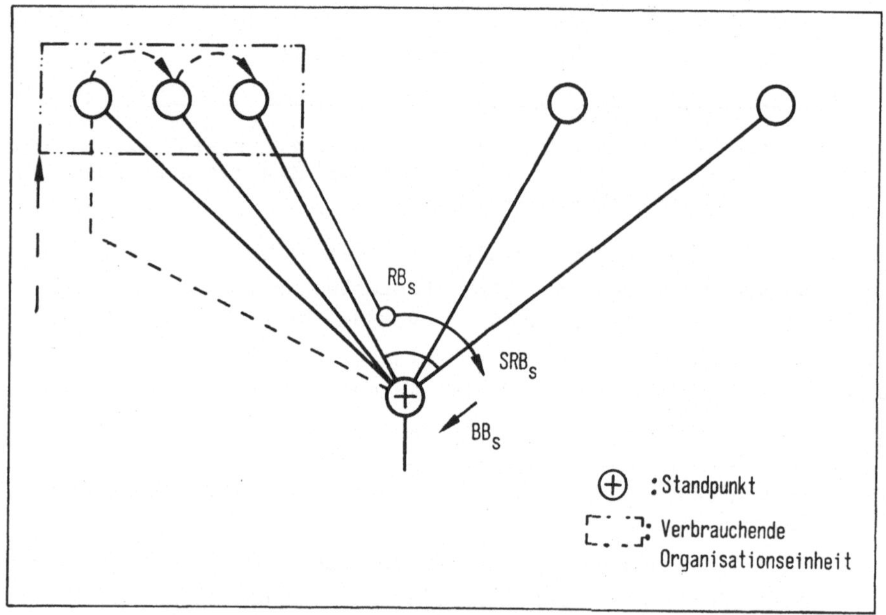

Bild 24 : Mögliche Vorabzusammenfassung z.B. der Auftrags- bzw.
Auftragsbedarfsverläufe aufgrund gleicher Kantenstammdaten

Zur Nutzung des Mehrfachverwendungseffekts ist aber auch eine
z e i t l i c h e   E n t k o p p l u n g   zwischen Ereignisanfall und -bearbeitung oder den unter analytischem bzw. synthetischem Blickwinkel durchgeführten Aufgaben der Bedarfsermittlung

notwendig (vgl. hierzu Kapitel 5.2.2). Nur wenn nach einer ersten
Änderung und Zwischenspeicherung die zeitliche Voraussetzung für
den Anfall weiterer Änderungen eingeräumt wird, können ggf. die
Daten aus mehreren betroffenen Kanten zusammengefaßt und unter
synthetischem Blickwinkel gemeinsam weiterverarbeitet werden.
Das bedeutet aber, daß die Änderungen im zweiten Teil der Funktion
Bedarfsermittlung nicht direkt im Anschluß an ein Ergebnis (dAV),
sondern in einer Art "Batch-Lauf" verarbeitet werden. Je größer
dabei der zeitliche Abstand zwischen zwei "Batch-Läufen" gewählt
wird, um so größer wird die wahrscheinlich erzielbare Aufwandsreduzierung.
Die Nutzungsmöglichkeit des Mehrfachverwendungseffekts muß im Zusammenhang mit dem Reservierungskonzept (vgl. Kapitel 5.2.1) in
gewissem Umfang relativiert werden. Wenn der Reservierungsbedarf
separat je spezifischem Verbraucher ausgewiesen werden müßte, wäre
im Prinzip eine Nutzung des Mehrfachverwendungseffekts erst
n a c h der Summierung der Reservierungsbedarfe (Differenzzeit-
reihen) möglich. Dies ist jedoch nur im strengen Sinne der Fall,
da am Lagerausgang nicht für Verbraucher, sondern für verbrauchende O r g a n i s a t i o n s e i n h e i t e n   wie Mei-
sterbereiche, Kostenstellen, Leitstandsbereiche usw. reserviert
wird. Eine differenzierende Reservierung am Lagerausgang nach unterschiedlichen verbrauchenden Materialflußobjekten ist dann nicht
möglich und auch nicht sinnvoll, wenn diese z.B. auf demselben Betriebsmittel hergestellt werden. Damit wird das zuvor bezüglich
des Mehrfachverwendungseffekts Gesagte auf die Menge derjenigen
Kanten eingeschränkt, die in dieselbe Organisationseinheit münden
(vgl. Bild 24). Diese Einschränkung schadet dem Gedanken der Nutzung des Mehrfachverwendungseffekts jedoch nicht, da im wesentlichen nur hier die Voraussetzungen technologischer Art (Betriebsmittel, Transport, Kontrolle) für identische Stammdaten gegeben
sind. Eine zeitliche Trennung zwischen Ereignisanfall (in diesem
Fall Änderung eines Auftragsverlaufs) und Ermittlung der daraus
ableitbaren Konsequenzen (hier Bedarfsermittlung) ist jedoch nur
dort zulässig, wo dies n i c h t   im Widerspruch zur Anforderung nach Planungsaktualität steht. Eine endgültige Entscheidung, ob die analytische oder gemischte Vorgehensweise vorzuziehen
ist, wird erst in Kapitel 6.2.2 gefällt. Dort werden Fragen der

Planungsaktualität und der zeitlichen Aufgabendurchführung diskutiert.

- Ablaufsteuerung der Aufgaben der Istabrechnung
Wie bei der Bedarfsermittlung, bleibt die Aufgabenabwicklung der
Istabrechnung bei der Behandlung von Zugangsmeldungen ($\in$ der Be-
wegungsmeldungen) nicht auf das vom Zugang betroffene Materialflußobjekt beschränkt. So müssen erfaßte Zugänge in Verbräuche aus
den in Planungsrichtung vorgelagerten Bestandsführungsbereichen
umgesetzt und dort verbucht werden.
In Anlehnung an den vorausgegangenen Abschnitt - Ablaufsteuerung
der Bedarfsermittlung - werden nachfolgend die grundsätzlichen
Vorgehensweisen bei der Aufgabendurchführung diskutiert.
Bei der analytischen Vorgehensweise werden alle Aufgaben vom
Standpunkt des von einem Zugang "betroffenen" Materialflußojekts
aus durchgeführt. Beim Kantenmodell findet eine Aufgabenteilung
zwischen einem Standort mit analytischem und einem mit synthetischem Blickwinkel statt. Eine rein synthetische Vorgehensweise
kommt nicht in Betracht, da sie dem Änderungsrechnungsgedanken
widerspricht.
Der Vorteil des Kantenmodells liegt in der Möglichkeit, Aufgabenumfänge des Funktionsbausteins Istabrechnung für mehrere Ereignisse (Auslöser der Änderungsrechnung) gemeinsam durchzuführen. Dazu
müssen jedoch beispielsweise mehrere Abgänge aus dem Bestandsführungsbereich eines Materialflußojekts vorliegen. Um diese Voraussetzung zu schaffen, ist zwangsläufig eine zeitliche Entkopplung
zwischen Ereignisanfall (Zugangsmeldung) und Verbrauchsermittlung
bzw. -verbuchung notwendig.
Eine Zusammenfassung kann sowohl innerhalb einer Kante wie auch
über mehrere verschiedene Kanten hinweg erfolgen. Bedingung für
eine Zusammenfassung über mehrere Kanten ist das Vorhandensein eines identischen Stammdatums - Menge je Einheit (MJE) -.
Für das Kantenmodell sollen nachfolgend zwei Verfahrensvarianten
diskutiert werden:

1. Zwischenspeicherung der Zugangsmenge (der zwischengespeicherte Satz enthält die Zugangsmenge, das Stammdatum MJE
   und die Zieladresse) oder

2. Zwischenspeicherung der bereits ermittelten Verbrauchsmenge (der zwischengespeicherte Satz enthält die Verbrauchsmenge und die Zieladresse).

Die Variante 2 ergibt keinen Sinn. Einsparungen sind nur durch
Reduzierung der Anzahl Multiplikationen möglich. Dies wiederum ist
ausschließlich bei Variante 1 gegeben. Hier werden zuerst sämtliche Zugangsmeldungen addiert; dann erst wird die Summe mit dem
Stammdatum MJE multipliziert.
Es handelt sich beim Bestand, im Gegensatz zum Bedarf, um ein einzelnes Datum und nicht um eine Zeitreihe. So sind durch den Einsatz des Kantenmodells bei der Istabrechnung deutlich geringere
Aufwandsreduzierungen möglich als innerhalb einer Anwendung bei
der Bedarfsermittlung. Vor einer endgültigen Entscheidung, welche
der beiden Vorgehensweisen zur Anwendung kommt, ist in Kapitel
6.2.2 zu klären, unter welchen zeitlichen Bedingungen die Aufgaben
der Bestandsführung durchgeführt werden.

6.2   Dispositionsabwicklung

Die Aufgabe der Dispositionsabwicklung ist die Organisation der
Aufgabendurchführung. Dabei muß die Zielsetzung aus Kapitel 6.1
- Sicherstellung der Machbarkeit - mit berücksichtigt werden.
Im Vordergrund der folgenden Überlegungen stehen neben dem Punkt
Aufbau des Fertigungssteuerungssystems/Schnittstellen zur System-
umwelt (A u f b a u s t r u k t u r) zwei Problemkreise:

- Anstoß und Zusammenspiel der einzelnen Funktionen und
  Funktionsbausteine (A b l a u f s t r u k t u r)
  und
- zeitliche Durchführung der Systemaktivitäten
  (Z e i t s t r u k t u r).

Das zu entwickelnde Fertigungssteuerungssystem setzt sich aus den
Funktionen Istabrechnung, Bedarfsermittlung und Auftragsbildung
als Elemente der Mengen- und Terminplanung zusammen (vgl. Kapitel 5.2). Daneben steht die Funktion Planüberprüfungsrechnung zur

Verfügung (vgl. Kapitel 6.1.1). Sie dient dazu, die Plangrößen zu
überwachen und, wo notwendig, die Mengen- und Terminplanung anzu-
stoßen.

I n f o r m a t i o n s b e z i e h u n g e n existieren hin zur
Planungsstruktur und den dort verwalteten Stammdaten (z.B. Menge
je Einheit).

Bei den V o r g a b e g r ö ß e n an das Fertigungssteuerungs-
sytem handelt es sich um die Primärbedarfe an Enderzeugnissen und
Ersatzteilen. Weitere Vorgaben sind die Kapazitätsangebote (Kapa-
zitätskalender). Diese orientieren sich an einer langfristigen
Kapazitätsbedarfsplanung. Über die Schnittstelle zur operativen
Ebene wechseln die Informationen geplante Aufträge (Vorgaben) und
Bewegungsmeldungen (Rückmeldungen).

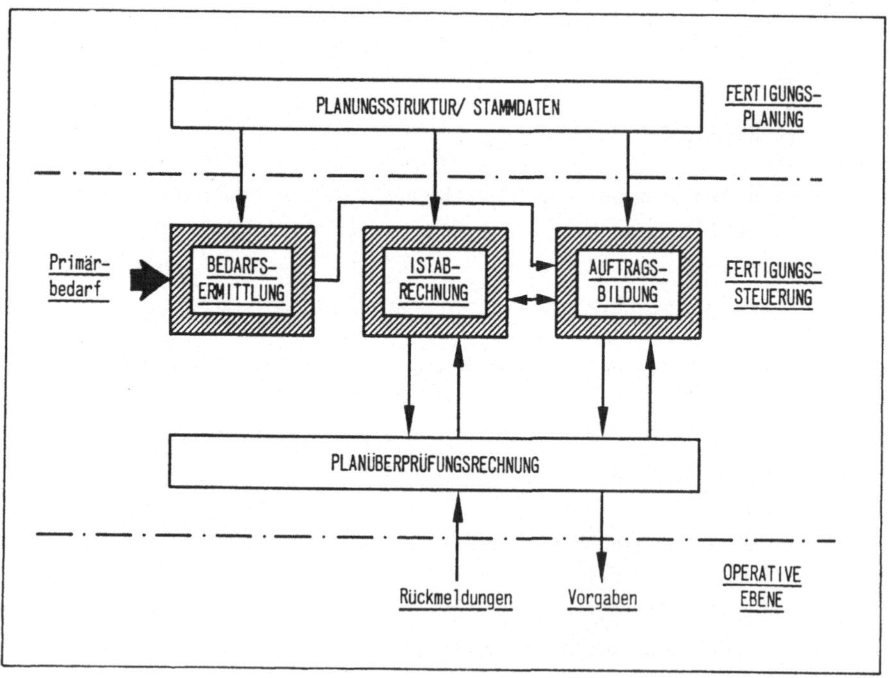

Bild 25: Funktionen und Systemumfeld des Fertigungssteuerungssystems

6.2.1 <u>Anstoß und Zusammenspiel der einzelnen Funktionen</u>

- Anstoß der Dispositionsabwicklung
Ausgangspunkt der nachfolgenden Überlegungen ist die Definition
des Änderungsrechnungskonzepts aus Kapitel 6.1.1:
Eine Mengen- und Terminplanung soll nur dann und für diejenigen
Materialflußobjekte angestoßen werden, für die durch ungeplante
Änderungen von Einflußgrößen eine negative Veränderung hinsicht-
lich der Optimierungsziele Termintreue und Bestände vorliegt.

Um dieses Ziel mit der notwendigen Machbarkeit in Einklang zu
bringen, wurde die Funktion Planüberprüfungsrechnung konzipiert
(siehe Kapitel 6.1.1). Sie reduziert den Umfang der Änderungen,
die zu einer Mengen- und Terminplanung führen auf ein sinnvolles
Maß. Mit dem E r r e i c h e n e i n e s K o n t r o l l -
t e r m i n s an der "Übergangsstelle" zwischen zwei benachbarten Planungszeitabschnitten, muß dazu z.B. der Istbestand auf Ist-
Planänderungen (Funktionsbaustein Planbestandsaktualisierung)
überprüft werden. Diese zyklische Bestandsüberwachung steht grundsätzlich im Widerspruch zur Definition des Änderungsrechnungskonzepts. Eine zyklische Überprüfung ist jedoch nicht in j e d e m
Fall notwendig. Sie ist es dann nicht, wenn zwischen zwei Kontrollterminen weder eine Bestandsveränderung[1] geplant ist (Soll)
noch diese dann in der Realität (Ist) auftritt.
Den dieser Überlegung zugrundeliegenden Sachverhalt weist Bild 26
aus:
Wenn die beiden oben gestellten Bedingungen erfüllt sind, verändern sich weder Bestandsverlauf noch Referenzwerte zwischen den
Kontrollterminen j und j+1. Die Bewertung des Istbestands vom Termin j bleibt unverändert für den Termin j+1 gültig.
Eine Überprüfung der Notwendigkeit zur Bestandskontrolle ist mit
Hilfe der Bewegungsmeldungen möglich. Immer dann, wenn zwischen
zwei Kontrollterminen zu einem Materialflußobjekt wenigstens eine

---

1) Bestandsveränderungen treten laut Plan dann nicht auf, wenn
   a) weder Auftragszugänge noch -abgänge geplant sind, oder sich
   b) die geplanten Zugänge und Abgänge aus einem Bestandsführ-
       rungsbereich stückgenau entsprechen.

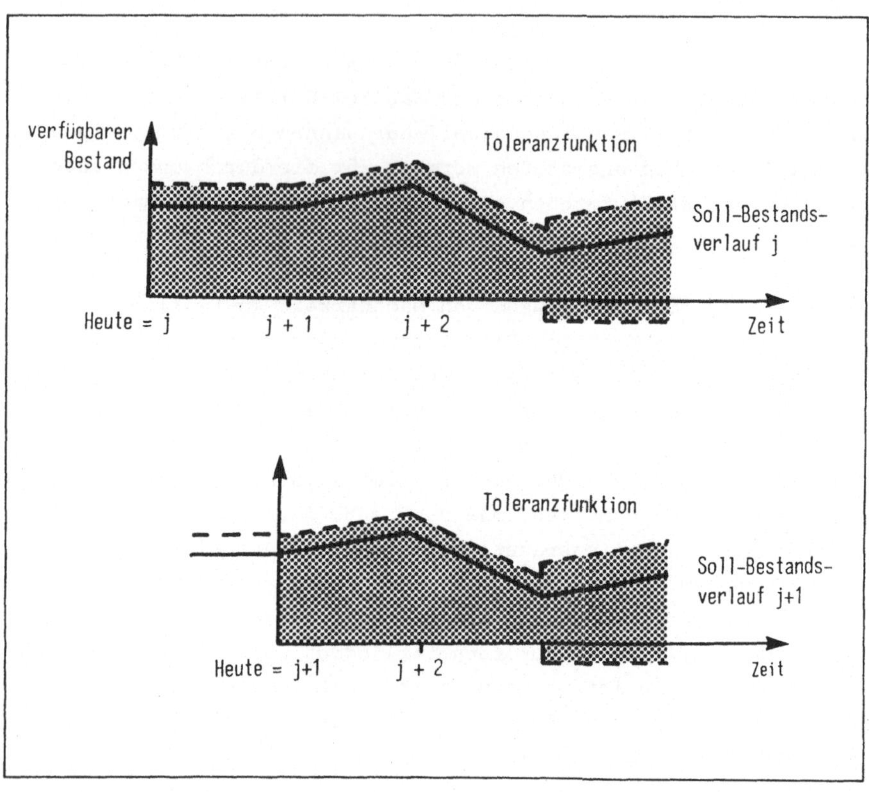

Bild 26: Beibehaltung der Lage (Referenzwerte) eines aktuellen
Bestandsverlaufs zwischen zwei Kontrollterminen (Heute)
immer dann, wenn sich laut Plan und auch in der Realität keine Bestandsbewegungen (Zugänge, Abgänge) bei
einem Materialflußobjekt ergeben.

Bewegungsmeldung auftritt, kann nicht mit Sicherheit ausgeschlossen werden, daß eine ungeplante Bestandsveränderung vorliegt. In
diesem Fall ist eine Planüberprüfungsrechnung (Funktionsbaustein
Planbestandsaktualisierung) zwingend notwendig. Das heißt, eine
Bestandskontrolle wird bei einem Materialflußobjekt nur dann
durchgeführt, wenn zwischen zwei Kontrollterminen mindestens eine
Bewegungsmeldung vorliegt. Seinen wesentlichen Effekt bezieht dieses Konzept jedoch nicht aus dem Umstand, daß nicht zu jedem Kon-

trollpunkt alle Materialflußobjekte auf Planungsabweichungen hin
überprüft werden müssen, sondern aus erheblichen Vorteilen im Zusammenhang mit der zeitlichen Aufgabendurchführung (siehe Kapitel
6.2.2 - Lastverteilungskonzept -).

Ein Sonderfall mit Kontrollrelevanz, der nicht über das Auftreten
von Bewegungsmeldungen erkannt werden kann, liegt dann vor, wenn
laut Plan Zugänge oder Abgänge auftreten müßten, sich aber dann in
der Realität keine ergeben. In diesem Fall tritt die folgende Problemstellung auf:
Bei einem Materialflußobjekt sind z.B. über mehrere Planungszeitabschnitte hinweg Auftragszugänge geplant, um einen Bestand aufzubauen, der einen hohen kurzfristigen Bedarf abdecken soll. Findet
dann in diesem Zeitraum weder ein Zugang noch ein Abgang zum/aus
dem Bestandsführungsbereich statt, wird keine Planüberprüfungsrechnung angestoßen. Die drohende Nichtverfügbarkeit wird nicht
erkannt. Um nicht doch für alle Materialflußobjekte eine Kontrolle
durchführen zu müssen, gilt deshalb folgender Ansatz:
Die operative Ebene muß eine Meldung   - N u l l - Z u g a n g -
an die Fertigungssteuerung absetzen, wenn trotz geplantem Auftragszugang kein einziges Stück eines Materialflußobjekts den Erfassungspunkt EP erreicht hat. Diese Anweisung an die operative
Ebene ist zumutbar. Ein nicht wie geplant erfolgter Verbrauch soll
dagegen ignoriert werden, da sich hier nicht die Gefahr einer
Nichtverfügbarkeit ergibt. Eine Null-Zugangsmeldung wirkt dann wie
die anderen Bewegungsmeldungen als Anstoß einer Teilfunktion
Planbestandsaktualisierung.

Weitere Aktivitäten des Fertigungssteuerungssystems (Teilfunktion
Planbestandsermittlung) werden dann angestoßen, wenn   P l a n -
P l a n ä n d e r u n g e n   vorliegen. Die Planbestandsermitt-
lung bewertet Plan-Planänderungen auf der Basis des aktuellen Ist-
bestandes und der geplanten Aufträge. Ein großer Teil der Plan-
Planänderung kann unmittelbar oder mittelbar auf einen zukünftigen
Bestandsverlauf abgebildet werden. So führt z.B. eine Änderung des
Stammdatums - Menge je Einheit - zwangsläufig zu einer Bedarfs-
änderung. Diese wirkt sich dann wiederum auf einen zukünftigen Bestandsverlauf aus.

Es können jedoch n i c h t a l l e Plan-Planänderungen mit
Hilfe der Teilfunktion Planbestandsermittlung auf eine Planungsnotwendigkeit hin geprüft werden. Dabei handelt es sich um Änderungen, die eine K a p a z i t ä t s g r u p p e und nicht
ein einziges Materialflußobjekt oder eine Kante betreffen. Bei-
spiele hierfür sind:

- Änderungen im Kapazitätsangebot,
- Änderungen im Kapazitätsbedarf,
- Änderungen von Parametern oder Stammdaten der Auftragsbil-
  dung usw.

Diese Ereignisse führen sofort zu einer Mengen - und Terminplanung[1).

Weil schließlich die Teilfunktionen der Planüberprüfungsrechnung
einen aktuellen Istbestand voraussetzen, müssen vor ihrem Aufruf
eventuelle Bestandsveränderungen verbucht sein. Als Auslöser für
eine Funktion Istabrechnung bietet sich das Auftreten eines Ereignisses B e w e g u n g s m e l d u n g an. Damit wird erreicht, daß ausschließlich für diejenigen Materialflußobjekte eine
Istabrechnung durchgeführt wird, bei denen eine Bestandsveränderung vorliegt.

Tabelle 3 zeigt abschließend eine detaillierte Zusammenstellung
aller Änderungen bzw. Ereignisse, die den Dispositionsvorgang von
außen (= externe Ereignisse) anstoßen. Sie zeigt weiterhin eine
e r g ä n z e n d e Klassifikation der externen Ereignisse nach
den Gesichtspunkten Herkunft, Art, Zielrichtung und Informationssenke. Das Merkmal H e r k u n f t beschreibt, ob ein Ereignis
vom Vertrieb, der Fertigungsplanung oder der operativen Ebene ge-
meldet wird. Ein weiteres Klassifikationsmerkmal ist die A r t
eines Ereignisses. Hier wird unterschieden, ob ein Stammdatum oder

---

1) Ein Problem hinsichtlich Machbarkeit stellt eine Änderung im
   Kapazitätsangebot dar, und zwar immer dann, wenn ein von einer
   Änderung betroffener Kapazitätskalender für einen großen Bereich der Planungsstruktur oder gar ein ganzes Werk gilt. Diesem Umstand wird bei der Auftragsbildung (vgl. /69/) Rechnung
   getragen, indem Aufträge nicht über den gesamten Planungshorizont neu gebildet werden, sondern erst ab der Stelle, an der
   der Toleranzbereich verletzt wird.

ein Bewegungsdatum betroffen ist. Zu den Stammdaten gehören z.B.
das Datum Menge je Einheit oder der Mehrbedarfsfaktor. Bewegungs-
daten sind Informationen, die einen höheren Änderungscharakter
aufweisen als Stammdaten; hierzu zählen z.B. die Bestandsdaten,
die Bedarfszeitreihen usw. Die Z i e l r i c h t u n g beschreibt, ob ein Ergebnis eine Kapazitätsgruppe, ein Materialflußobjekt (Knoten) oder eine Kante betrifft. Die Angabe I n f o r -
m a t i o n s s e n k e schließlich spezifiziert einzelne Funktionen bzw. Funktionsbausteine als Adressaten eines externen Ereignisses.

- Fortführung der Dispositionsabwicklung
Ist das Fertigungs- und Beschaffungssteuerungssystem einmal durch
ein externes Ereignis angestoßen, wird die Aufgabenabwicklung, wo
notwendig, durch Generierung von internen Ereignissen (Selbst-
steuerung) in Gang gehalten. Hier wirkt das Ergebnis einer Funktion als Ereignis für eine andere Funktion. Das heißt, der Abwicklungsvorgang der Fertigungssteuerungsaufgaben lebt damit außer von
der initiierenden Ereignisvorgabe von außen auch vom internen
Wechselspiel zwischen

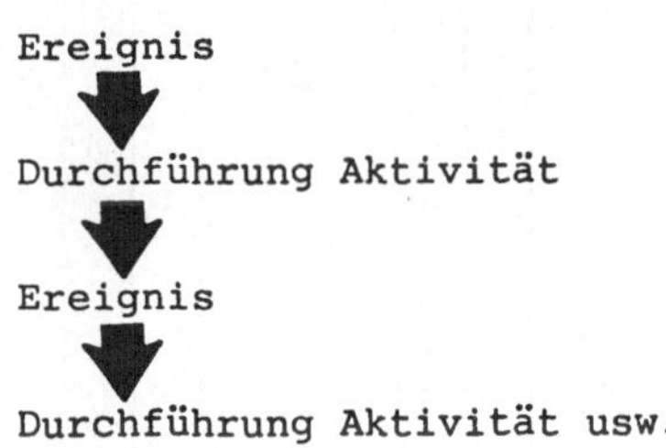

Dieses Wechselspiel zwischen Ereignis und Aktivität (Funktion,
Funktionsbaustein) ist im logischen Sinn zu verstehen. Aussagen
über zeitliche Aspekte dieses Wechselspiels werden in Kapitel
6.2.2 gemacht.
Das E r g e b n i s einer Funktion muß jedoch nicht zwangsläufig ein ablaufsteuerungsrelevantes Ereignis sein. So kann z.B. ein
Funktionsbaustein Planbestandsaktualisierung aufzeigen, daß eine
eventuelle Istbestandsabweichung zulässig ist. Tabelle 4 weist die
Zusammenhänge zwischen angestoßenem Funktionsmodul und den sich
daraus ergebenden Ergebnissen und Ereignissen aus.

QUALITÄT EINES EREIGNISSES	HERKUNFT			ZIELRICHTUNG			ART		INFORMATIONSSENKE (FUNKTION/ TEIL-FUNKTION)
	VE	FPL	BDE	Kapazitätsgruppe	Knoten	Kante	Stammdatum	Bewegungsdatum	
Änderung Primärbedarf	●				●			●	Planbestandsermittlung
Einbau/ Wegfall einer Objektverwendung: Änderung MJE		●				●	●		Bedarfsermittlung
Änderung Durchlaufzeit (DLZ)		●				●	●		Bedarfsermittlung
Änderung Mehrbedarfsfaktor (MBF)		●				●	●		Bedarfsermittlung
Änderung Sicherheitszeit (SZ)		●			●		●		Bedarfsermittlung
Bewegungsmeldung			●		●			●	Istabrechnung
Bewegungsmeldung			●		●			●	Planbestandsaktualisierung*
Null-Zugangsmeldung			●		●			●	Istabrechnung
Änderung von Stammdaten zur Ermittlung der Toleranzfunktionen		●			●		●		Planbestandsbestimmung
Änderung des Kapazitätsangebots		●		●				●	Auftragsbildung
Änderung der Stückzeit (Kapazitätsbedarf) eines Materialflußobjekts		●		●			●		Auftragsbildung
Änderung der Kapazitätsgruppenzuordnung		●		●			●		Auftragsbildung
Änderung von Parametern/ Stammdaten der Auftragsbildung		●		●			●		Auftragsbildung
Erreichen eines Termins Toleranzverschiebungsnotwendigkeit					●		●		Toleranzverschiebung

VE: Vertrieb
FPL: Fertigungsplanung/ Stammdatenpflege
BDE: Betriebsdatenerfassung (operative Ebene)
KG: Kapazitätsgruppe

* indirekte über den Umweg Istabrechnung

Tabelle 3 : Auslösende Ereignisse nach Qualität, Herkunft, Zielrichtung, Art und Informationssenke (Funktion)

Der durch ein externes Ereignis angestoßene Dispositionsvorgang
macht nicht zwangsläufig bei demjenigen Materialflußobjekt halt,
das von einem externen Ergebnis direkt betroffen ist. Die Funktionen Istabrechnung und Auftragsbildung generieren zwangsläufig Ergebnisse, die als Ereignisse auf im Materialfluß vorgelagerte Materialflußobjekte bzw. die hier zum Einsatz kommenden Funktionen
wirken. Bei der Istabrechnung z.B. wird aus einem Zugang zu einem
Materialflußobjekt ein Abgang aus dem Bestand eines Vormaterials
abgeleitet. Das macht dort zumindest eine Planüberprüfung (Planbestandsaktualisierung) notwendig usw. Damit findet automatisch ein
Übergang der Aufgabenabwicklung auf die Dispositionsstufen statt,
die der Planungsrichtung nachgelagert sind. Der Abwicklungsvorgang
des Fertigungssteuerungssystems kommt erst dann zum Stillstand,
wenn eine Planüberprüfungsrechnung keine Notwendigkeit zur Mengen-
und Terminplanung ausweist oder das Ende der Planungsstruktur erreicht ist.

Die Abarbeitung betroffener Materialflußobjekte innerhalb der Planungsstruktur ist dispositionsstufenweise organisiert. Zu diesem
Zweck wurde der Gozintograph in Materialflußrichtung nach Dispositionsstufen geordnet (vgl. Kapitel 5.1). Durch das stufenweise
Vorgehen, entgegengesetzt zur Materialflußrichtung, ist sichergestellt, daß ein Knoten nur e i n m a l und n i c h t mehrfach "angefaßt" werden muß, wie das bei einer wahlfreien Abarbei-
tungsreihenfolge notwendig wäre (vgl. Bild 27).

6.2.2 Zeitliche Durchführung der Systemaktivitäten

Der Anstoß der Funktionen/Funktionsbausteine des Fertigungssteuerungssystems wird zunächst durch externe Ereignisse in Gang gesetzt. Eine Istabrechnung als Folge einer Bewegungsmeldung kann
sofort nach dem Ereignisanfall aufgerufen werden.
Dagegen ist eine zulässige Bewertung des Istbestandes (Funktionsbaustein Planbestandaktualisierung) erst mit dem Erreichen eines
Kontrolltermins möglich.

FUNKTION	ERGEBNIS	EREIGNIS (intern)
- Istabrechnung	Bestandsänderung	Notwendigkeit zur Plan-überprüfung (<u>Planbestands-aktualisierung</u>)
- Bedarfsermittlung	Bedarfsänderung	Notwendigkeit zur Plan-überprüfung (<u>Planbestands-ermittlung</u>)
- Auftragsbildung	Neue/geänderte Aufträge	Notwendigkeit zur Plan-überprüfung (<u>Planbestands-bestimmung</u>) Notwendigkeit zur <u>Bedarfs-ermittlung</u>
- Planüberprüfungsrechnung o Planbestandsbestimmung	Planbestandsverlauf	–
o Planbestandsaktuali-sierung	Istbestand=Sollbestand oder zulässige Bestands-abweichungen	–
	oder unzulässige Be-standsabweichungen	Notwendigkeit zur <u>Auftrags-bildung</u>
o Planbestandsermittlung	zulässige Bestandsab-weichungen	–
	oder unzulässige Be-standsabweichungen	Notwendigkeit zur <u>Auftrags-bildung</u>
o Toleranzverschiebung	zulässige Bestandsab-weichungen	–
	oder unzulässige Be-standsabweichungen	Notwendigkeit zur <u>Auftrags-bildung</u>

Tabelle 4 : Zusammenstellung der Funktionen/Teilfunktionen, ihrer
Ergebnisse und der daraus abgeleiteten Ereignisse
(Hinweis: Die nicht in Tabelle 3 aufgeführte Teilfunktion Planbestandsbestimmung wird ausschließlich durch
das interne Ereignis einer abgeschlossenen Auftragsbildung angestoßen)

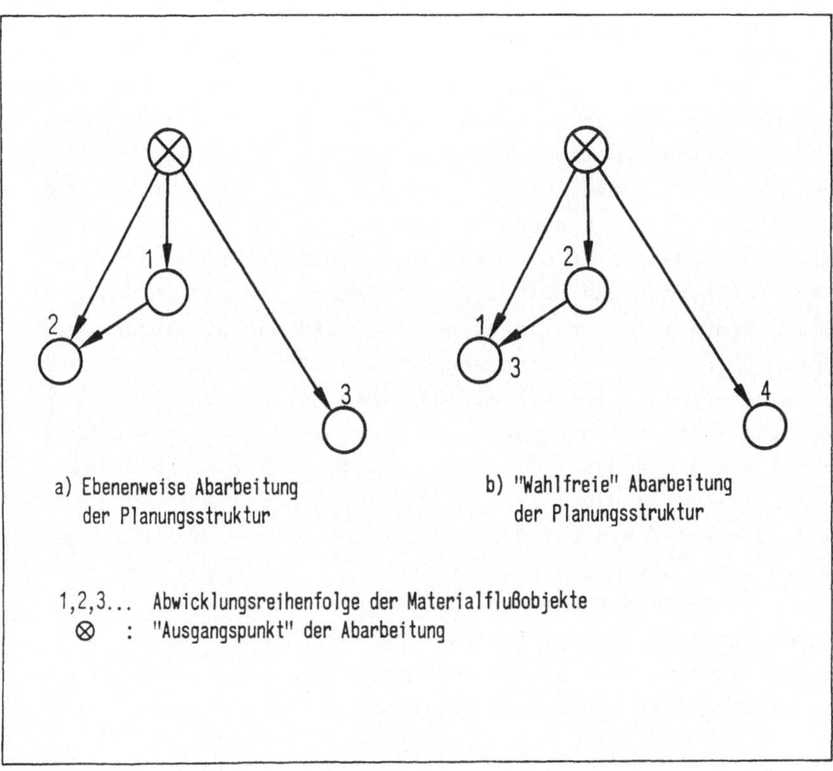

Bild 27: Formen der Ablaufsteuerung

Weil weiterhin auch die Bewertung zukünftiger Planänderungen den aktuellen Istbestand zum Kontrollzeitpunkt zugrunde legt, kann der Funktionsbaustein Planbestandsermittlung ebenfalls erst zum Kontrollzeitpunkt angestoßen werden.

In Kapitel 5.1 wurde aufgezeigt, daß es sich bei einer Länge eines Planungszeitabschnitts von einer Schicht um eine praxisgerechte Unterteilung der Zeitachse handelt. Das bedeutet, daß eine neue Mengen- und Terminplanung frühestens nach Ablauf einer Schicht aufgerufen werden kann. Das ist jedoch nur dann notwendig, wenn eine der Teilfunktionen der Planungsprüfungsrechnung eine Planungsnotwendigkeit ausgewiesen hat.

- Tagesaktualität

Bei den Planungsergebnissen (Aufträgen) handelt es sich um Vorgaben an die operative Ebene. Diese Vorgaben müssen s p ä t e s t e n s   mit dem Beginn einer Schicht in der Fertigung vorliegen. In Zusammenhang mit der geforderten Planungsaktualität bereitet diese Anforderung Probleme. Diese treten dann auf, wenn bei einer lückenlosen Schichtrasterung der Zeitachse zwei Schichten, in denen gefertigt wird, aneinander stoßen.

Das Bild 28 verdeutlicht die hier vorliegende Problemstellung, denn Kontrolltermin und spätester Auftragsverteiltermin fallen zusammen. Trotz aller Anstrengungen zur Aufwandsreduzierung wird zur Durchführung der Fertigungssteuerungsaufgaben ein gewisser Zeitraum benötigt. Das bedeutet, die oben geforderte Form der Planvorgabe läßt sich nur dann erreichen, wenn e r s t e n s   g e n ü g e n d   Z e i t   f ü r   d i e   A u f g a b e n - d u r c h f ü h r u n g   z u r   V e r f ü g u n g   s t e h t ,   u n d   z w e i t e n s   d i e   e r z i e l t e n   P l a - n u n g s e r g e b n i s s e   t e r m i n g e r e c h t   i h r e   A d r e s s a t e n   e r r e i c h e n . Diese Bedingungen wiederum sind prinzipiell nur erfüllbar, wenn zwei produktive Schichten   n i c h t   direkt aneinander stoßen. Das ist aber lediglich beim 1-Schichtbetrieb der Fall.

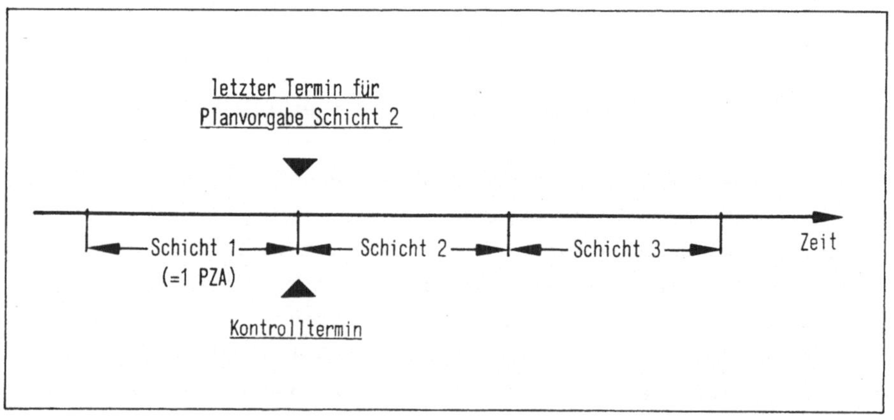

Bild 28: Zeitlicher Zusammenfall von Kontrolltermin und letztem Planvorgabetermin

Dieser Umstand führte zur Entwicklung eines Konzepts T a g e s -
a k t u a l i t ä t .   Man geht dabei zunächst davon aus, daß ein
Tag nicht ausschließlich aus produktiven Zeiten besteht. Damit
steht ein Zeitraum zur Verfügung, für den keine Vorgaben erwartet
werden und der deshalb für die Planung genutzt werden kann. Beim
Automobilbau mit seinem 2-Schichtbetrieb ist das die Zeit zwischen
den beiden produktiven Schichten nachts. Dort soll geplant werden.
Die geplanten Aufträge werden dann vor Beginn der 1-ten Schicht an
die operative Ebene verteilt. Zwischen der 1-ten und 2-ten Schicht
kann   n i c h t   geplant werden. Hier gelten unverändert die
Vorgaben des nächtlichen Planungslaufes.
Diese Beschränkung auf ein pro Tag "einmaliges Planen" bedeutet
eine gewisse Einschränkung der geforderten Aktualität. Es handelt
sich hier jedoch um die einzig erzielbare Form der Planungsaktualität[1].

Bei der "nächtlichen" Dispositionsabwicklung sollen die "tagsüber"
gesammelten externen Ereignisse bearbeitet werden, wobei ausschließlich eine geordnete   e i n m a l i g e   s t u f e n -
w e i s e   D i s p o s i t i o n s a b w i c k l u n g[2]   in
Betracht kommt. Hier beginnt der Dispositionsvorgang auf der
n i e d r i g s t e n   Dispositionsstufe, für die ein externes
Ereignis vorliegt.

----

1) Problemstellung Tagesaktualität: Tagesaktualität liegt vor,
   wenn einmal am Tag für alle Materialflußobjekte ein aktueller
   Plan vorliegt.
   Falls während der Woche die produktiven Schichten lückenlos aneinander stoßen, oder die "Lücke" für einen Planungslauf nicht
   ausreicht, ist keine Aktualität in der oben definierten Form
   zu erzielen.
   Das bedeutet jedoch nicht, daß nicht doch während der Woche geplant werden kann. Dabei sind dann jedoch nicht alle verwendeten Daten aktuell, bzw. es müssen gewisse Annahmen in die Planung mit eingehen. Eine solche Annahme beinhaltet dann z.B.,
   daß im Planungszeitabschnitt, in dem geplant (und produziert)
   wird, keine Planabweichungen auftreten.
2) Bei einer ungeordneten Dispositionsabwicklung wird, ausgehend
   von einem beliebigen externen Ereignis, der Dispositionsvorgang
   so lange durchgeführt (siehe Kapitel 6.2.1 Abschnitt - Fortführung der Dispositionsabwicklung -), bis er zum Stillstand
   kommt. Danach wird wahllos das nächste Ereignis aufgegriffen
   usw. Konsequenz der aufgezeigten Vorgehensweise wäre ein ggf.
   mehrfaches "Anfassen" und Bearbeiten eines einzelnen Materialflußobjekts während der nächtlichen Dispositionsabwicklung.

Liegen mehrere Ereignisse auf einer Stufe vor, werden sie nach
einer bestimmten Rangfolge bearbeitet. Dabei wird berücksichtigt,
daß der Istbestand und/oder die Bedarfs- und Bestandszeitreihen
ermittelt bzw. aktualisiert sind, bevor die Funktion Planüberprüfungsrechnung bzw. deren Teilfunktionen aufgerufen werden. Am
Schluß der Rangfolge steht grundsätzlich die Auftragsbildung. Als
Ergebnis einer Auftragsbildung muß auf der betrachteten Dispositionsstufe die Teilfunktion Planbestandsbestimmung (vgl. Kapitel
6.2.1) angestoßen werden. Bei der dispositiven Behandlung der betrachteten Stufe werden interne Ereignisse für die nachfolgenden
Dispositionsstufen generiert. Ist die erste Stufe abgearbeitet,
wird die nächsten Stufe, für die externe und/oder interne Ereignisse vorliegen, entsprechend der oben beschriebenen Vorgehensweise behandelt usw.

Weil nicht davon ausgegangen werden kann, daß die anfallenden Aufgaben innerhalb des "nächtlichen" Planungszeitraumes bewältigt
werden können, wurde weiterhin das Lastverteilungskonzept entwik-
kelt.

- Lastverteilungskonzept
Das   L a s t v e r t e i l u n g s k o n z e p t   setzt zunächst
eine einmalige stufenweise (nächtliche) Dispositionsabwicklung
voraus (vgl. Phase 2 in Bild 29).
Um die Aufgabendurchführung dort zu unterstützen, sollen jedoch
Aufgaben der Fertigungssteuerung soweit wie möglich bereits während der produktiven Zeiten (= Phase 1) abgewickelt werden. Damit
wird der   P l a n u n g s z e i t r a u m   ausgedehnt. Konsequenz der Auslagerung ist, daß gewisse Aufgaben ggf. mehrfach
durchgeführt werden müssen. Wird z.B. eine Funktion Istabrechnung
sofort mit dem Auftreten einer Bewegungsmeldung angestoßen, ist
nicht sichergestellt, daß nicht innerhalb derselben Planungsphase
1 weitere Bewegungsmeldungen zum betrachteten MFO auftreten, die
dann ebenfalls verbucht werden müssen.
Dieser Mehraufwand kann jedoch in Kauf genommen werden. Dadurch
wird nämlich das Erreichen des Zieles Tagesaktualität unterstützt.

Ungeklärt ist die Frage, w e l c h e Aufgabenumfänge sinnvollerweise auf die produktiven Schichten vorverlagert werden. Zur
Diskussion dieses Punktes können zwei Argumente angeführt werden,
die Datenaktualität und der notwendige Aufwand zur Aufgabendurchführung.

Das Argument Datenaktualität spricht zunächst für die Funktion
Istabrechnung. Damit wird erreicht, daß dem Benutzer immer aktuelle Bestandsinformationen zur Verfügung stehen. Auch das Auf-
wandsargument spricht dafür, der Funktion Istabrechnung bei der
Dispositionsabwicklung tagsüber höchste Priorität einzuräumen. Es
handelt sich um diejenige Funktion, die den geringsten Aufwand
verursacht und für die deshalb ein mehrfacher Aufruf je Materialflußobjekt akzeptiert werden kann. Weiterhin ist ein aktueller
Istbestand V o r a u s s e t z u n g für einen Aufruf der anderen Funktionen/Funktionsbausteine mit Ausnahme der Bedarfsermittlung.

Aus einer Bestandsveränderung ergibt sich die Notwendigkeit zur
Bestandskontrolle mit Hilfe des Funktionsbausteins Planbestandsaktualisierung. In Kapitel 6.2.1 wurde aufgezeigt, daß die Planbestandsaktualisierung unter der Voraussetzung einer Einführung von
"Null-Bewegungsmeldungen" e r e i g n i s o r i e n t i e r t
angestoßen werden kann. Sie erhält nach der Istabrechnung die
zweithöchste Priorität bezüglich der Aufgabendurchführung tagsüber. Bei jeder Planbestandsaktualisierung innerhalb der Phase 1
muß aufgrund des ereignisorientierten Anstoßes davon ausgegangen
werden, daß es sich um die letzte innerhalb des Planungszeitraumes
(Phase 1 + Phase 2) handelt. Ist dann doch eine weitere Bestandsveränderung zu bewerten, ist das vorausgegangene Bewertungsergeb-
nis hinfällig usw. Entsprechend dem Bearbeitungsaufwand ergibt
sich die folgende Bearbeitungspriorität je Funktion/-sbaustein:

1. Istabrechnung,

2. Planbestandsaktualisierung,

3. Bedarfsermittlung[1],

4. Planbestandsermittlung,

5. Auftragsbildung/und Planbestandsbestimmung.

---

1) Änderung eines Stammdatums, das eine Besarfsänderung zur Folge
   hat.

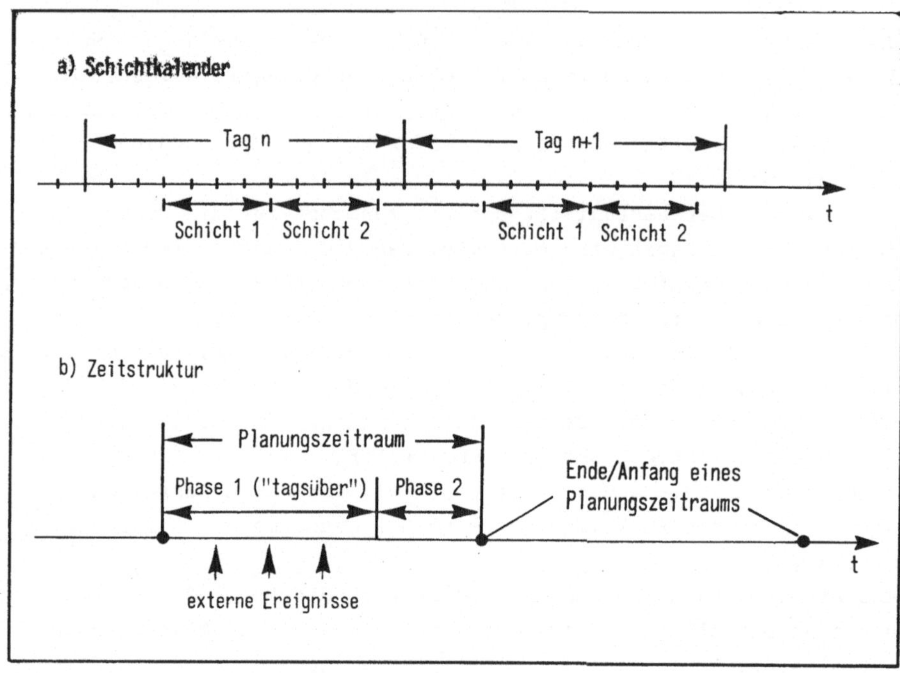

Bild 29: Zusammenhänge zwischen Schichtkalender und der Zeitstruktur des Steuerungssystems

All diejenigen Ereignisse, die nicht tagsüber bearbeitet werden konnten, werden dann nachts (Phase 2) von der einmaligen stufenweisen Dispositionsabwicklung berücksichtigt.

Abschließend muß noch geklärt werden, welche Konsequenzen das Lastverteilungskonzept mit den angewandten Dispositionsabwicklungsverfahren auf die Abwicklung der Funktionen Bedarfsermittlung und Istabrechnung hat. Im Kapitel 6.1.2 war die Fragestellung, ob die analytische Vorgehensweise oder das Kantenmodell (gemischte Vorgehensweise) zur Anwendung kommen soll, unbeantwortet geblieben. Das Kantenmodell hat dann Vorteile gegenüber der analytischen Vorgehensweise, wenn Ereignisse derselben Art bezüglich eines Materialflußobjekts gemeinsam behandelt werden können. Voraussetzung für den Einsatz des Kantenmodells ist eine zeitliche Trennung zwischen Ereignisanfall und -verarbeitung. Diese Bedingung ist bei der nächtlichen stufenweisen Dispositionsabwicklung erfüllt. Folglich kommt hier das Kantenmodell zur Anwendung. Bei der Dispositionsabwicklung tagsüber wird dagegen die analytische Vorgehensweise eingesetzt. Dies ist sinnvoll, weil z.B. die Funktion Istabrechnung sofort mit dem Ereignisanfall einer Bewegungsmeldung angestoßen wird und damit keine Voraussetzung für den Anfall weiterer Bewegungsmeldungen zum betrachteten Materialflußobjekt gegeben ist.

- Zusammenfassung

Ein Planungszeitraum erstreckt sich über 24 Stunden. Er besteht aus zwei Phasen. Die Phase 1 umfaßt die beiden produktiven Schichten. Phase 2 entspricht dem nächtlichen Zeitraum zwischen den Schichten, in dem nicht produziert wird. Das Vorliegen eines Zeitraums ohne externe Ereignisse ist Voraussetzung für das Erreichen der Tagesaktualität. Tagesaktualität bedeutet, daß vor Beginn des nachfolgenden Tages alle Ereignisse verarbeitet und ggf. in neue Pläne (Aufträge) umgesetzt sind. Die Vorgehensweisen bei der Dispositionsabwicklung während der beiden Planungsphasen unterscheiden sich grundsätzlich. Grundlage des Lastverteilungskonzepts ist die einmalige ebenenweise Dispositionsabwicklung während der Nacht. Um diesen Abwicklungsvorgang zu entlasten, werden Aufgaben der Fertigungssteuerung bereits in Phase 1 durchgeführt. Die Gefahr des unnötig hohen Aufwandes durch ggf. mehrfachen Aufruf ein und desselben Funktionsbausteins wird in Kauf genommen. Die Dispositionsabwicklung tagsüber erfolgt punktuell und wird über Prioritäten gesteuert.

7   <u>Anwendungsfall und Abschätzung des dort nutzbaren</u>
      <u>Rationalisierungspotentials</u>

7.1   <u>Anwendungsfall</u>

Das in den Kapiteln 5 und 6 entwickelte Fertigungssteuerungssystem
wird bei einem großen deutschen Automobilkonzern programmiert und
implementiert. Der Konzern erzielte im Jahr 1985 im In- und Aus-
land einen Umsatz von 38 920 Mio DM. Dabei wurden mit ca. 123 600
Mitarbeitern 1 457 000 Fahrzeuge produziert. Das Bilanzvermögen
/11/ an Vorräten und geleisteten Anzahlungen betrug zum 31. Dezember 1985 2 347 Mio DM.
Bei der Realisierung des Fertigungssteuerungssystems wird von einem Mengengerüst von 200 000 Materialflußobjekten mit Planungsre-
levanz ausgegangen. Da das Unternehmen im 2-Schichtbetrieb arbei-
tet, kommt das Modell Tagesaktualität mit dem Lastverteilungskonzept zur Anwendung.
Erste Simulationsläufe zeigten die Wirksamkeit der entwickelten
Vorgehensweisen zur Aufwandsreduzierung zugunsten von Planungsaktualität und Machbarkeit. So konnten auf den, für die Aufgabendurchführung vorgesehenen Rechnern Laufzeiten von deutlich weniger
als 8 Stunden erreicht werden. Damit stehen nach Ablauf der nächtlichen Dispositionsabwicklung aktuelle Planvorgaben (Fertigungs-/
Beschaffungsaufträge) bei sämtlichen Elementen der Planungsstruktur zur Verfügung.

7.2   <u>Rationalisierungspotential</u>

Zur Bewertung des Fertigungssteuerungssystem ist zwingend eine
Analyse des durch seine Einführung erzielbaren Nutzens erforder-
lich. Als Nutzen werden die möglichen Kosteneinsparungen definiert.
Die Abschätzung b e s c h r ä n k t sich auf eine Untersuchung
der Effekte, die sich aus der m e h r s t u f i g e n P l a -
n u n g und der e x a k t e n A b s t i m m u n g v o n
V o r m a t e r i a l b e r e i t s t e l l u n g und - v e r-

b r a u c h   ergeben. Auf eine Berücksichtigung anderer positiver Aspekte (vollständige Bestandsführung, Überlappung usw.) wird verzichtet. Außerdem werden die direkten Kostenwirkungen der kapazitätsorientierten Auftragsbildungsverfahren nicht betrachtet[1].

- Ausgangssituation

Ausgangspunkt der Quantifizierung sind zwei auf Linearität vereinfachte mehrstufige Materialflußstrukturen für die Enderzeugnisse A und B. Diese werden sowohl in einer einstufigen als auch in einer mehrstufigen Planungsstruktur abgebildet (Bild 30). Die einstufige

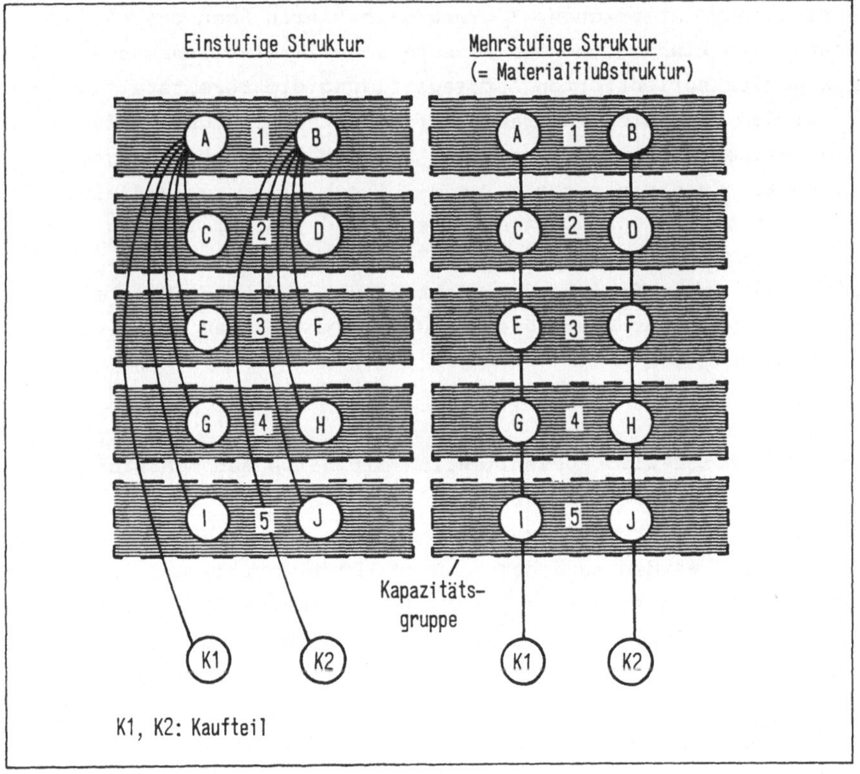

Bild 30: Ein- und mehrstufige Planungsstruktur als Ausgangspunkt einer Bewertung des entwickelten Fertigungssteuerungssystems

---

1) Kosteneinsparungen, die sich durch Berücksichtigung von Kosten aus ablaufbedingten Liegezeiten bei der Bildung optimaler Lose ergeben.

Struktur repräsentiert die Istsituation. Die mehrstufige Planungsstruktur ist V o r a u s s e t z u n g für einen erfolgreichen
Einsatz des entwickelten Fertigungssteuerungssystems.
Die angestrebte Bewertung ist über einen Vergleich der bei einem
einstufigen bzw. mehrstufigen Vorgehen benötigten Vor- bzw. Durchlaufzeiten möglich. In Kapitel 2.2 wurde aufgezeigt, daß bei einer
einstufigen Planung eine s t a t i s c h e Vorlaufzeit verwendet werden muß, die eine ungünstige Kapazitätssituation berücksichtigt. Falls die Liefertermine in allen Fällen eingehalten werden sollen, muß diese Vorlaufzeit dem denkbar ungünstigsten Fall
(worst case) hinsichtlich des Durchlaufs einer Auftragsmenge durch
die Fertigung entsprechen. Im Vergleich hierzu kann bei einer
mehrstufigen Planung und dem Einsatz von Simultanplanungsverfahren
zur kapazitätsorientierten Auftragsbildung die Bereitstellung exakt auf den geplanten Verbrauch durch die Fertigungsaufträge abgestimmt werden. In Abhängigkeit der Kapazitätssituation ergeben
sich damit u n t e r s c h i e d l i c h e Durchlaufzeiten.
Das bedeutet, die Durchlaufzeiten sind d y n a m i s c h und
schwanken zwischen dem "worst case" und einem Minimalwert. Das
vorliegende Quantifizierungskonzept beruht auf einem Vergleich
zwischen statischer Vorlaufzeit und den dynamischen Durchlaufzeiten[1].

- Vorgehensweise
Dieser Vergleich wird ausschließlich mit Hilfe der mehrstufigen
Planungsstruktur durchgeführt, und zwar wie folgt:
Gegeben sind Primärbedarfsverläufe für die Enderzeugnisse A und B.
Diese Bedarfe werden zunächst in Lose (Part-Period) und dann unter
Beachtung der Kapazitätssituation in Fertigungsaufträge umgewan-
delt. Aus den Fertigungsaufträgen leiten sich die Bedarfe der
nachfolgenden Dispositionsstufen ab. Bei der Zeitspanne, die zwischen der geplanten Ablieferung (Lieferauftrag) und der Bereitstellung der benötigten Vormaterialien liegt, handelt es sich um
die Durchlaufzeit. In Abhängigkeit von den aktuellen Randbedingungen ergeben sich über dem Horizont unterschiedliche Durchlauf-

---

1) Durchlaufzeiten sind mengenabhängig, während definitionsmäßig
   die Vorlaufzeiten weitgehend mengenunabhängig sind. Der Aspekt
   der Mengenvarianz wird nachfolgend nicht näher betrachtet und
   Vorlaufzeit = Durchlaufzeit gesetzt.

zeiten für Aufträge zu ein und demselben Materialflußobjekt.
Die Menge Q_t: = { DLZ_{t1}, DLZ_{t2}...DLZ_{tI}; $I \in |N$ } aller, bei einer
bestimmten Parametereinstellung t in Simulationsläufen gewonnenen
Durchlaufzeiten, bildet die Grundlage für nachfolgende Überlegungen. Zunächst wird aus den Elementen von Q_t eine - d u r c h -
s c h n i t t l i c h e D u r c h l a u f z e i t ($\bar{x}_t$) -
errechnet:

$$(22) \qquad \bar{x}_t = \frac{\sum\limits_{i=1}^{I} DLZ_{ti}}{I}$$

Die durchschnittliche Durchlaufzeit $\bar{x}_t$ stellt ein Maß für die
d y n a m i s c h e Durchlaufzeit dar.
Die längste Durchlaufzeit - DLZ_{tmax}: = max { Q_t } - aus der Menge
Q_t entspricht dem ungünstigsten Erwartungswert. Dieser müßte bei
einer einstufigen Planung als Vorlaufzeit verwendet werden, sofern
für jede erdenkliche Kapazitätssituation genügend Freiraum zur
Bereinigung kapazitiver Engpässe reserviert werden sollte. Den
nachfolgenden Überlegungen liegt jedoch ein etwas abgeschwächter
"worst case"-Gedanke zugrunde. Unter der Annahme einer Gleichver-
teilung der Durchlaufzeiten wird festgelegt, daß die - s t a -
t i s c h e V o r l a u f z e i t (WRC_t) - $\geq$ 90% der Elemente von Q_t sein muß. Der Wert WRC_t setzt sich aus der durchschnittlichen dynamischen Durchlaufzeit $\bar{x}_t$, der Standardabweichung σ_t und
der Standardnormalvariablen z (für 90% = 1,65) /83/ zusammen und
wird demnach wie folgt berechnet:

$$(23) \qquad WRC_t = x_t + \sigma_t * z$$

Eine Nutzenabschätzung des entwickelten Fertigungssteuerungsystems
ist über eine Betrachtung des - V e r h ä l t n i s - Q u o t i -
e n t e n ($DLZVH_t$) - zwischen statischer Vorlaufzeit WRC_t und
dynamischem Durchlaufzeit-Durchschnittswert $\bar{x}_t$ möglich. Dieser
Faktor (Durchlaufzeitverhältnis) beschreibt die, aufgrund der Ab-

kehr von der starren Vorlaufzeit, mögliche durchschnittliche
Durchlaufzeitverkürzung:

$$(24) \qquad DLZVH_t = \frac{WRC_t}{\bar{x}_t}$$

Die durchschnittlichen Verkürzungen der Durchlaufzeit lassen sich
in Kosteneinsparungen umrechnen. Der - e r z i e l b a r e
N u t z e n (NU_t) -   ist abhängig von den Größen - Umlaufbestand (UMB) -, dem - Lagerhaltungskostensatz (LHKS) - und dem aus
$\bar{x}_t$ und WRC_t ermittelten Durchlaufzeitverhältnis $(DLZVH_t)$. Der erzielbare Nutzen berechnet sich folgendermaßen:

$$(25) \qquad NU_t = UMB * (1 - \frac{1}{DLZVH_t}) * \frac{LHKS}{100}$$

- Abschätzung des Rationalisierungspotentials
In einer Reihe von Simulationsläufen wurden durch Variation von
Parametereinstellungen zunächst eine Anzahl von Durchlaufzeiten
(DLZ_{ti}) je Parametereinstellung t (t=1, 2, 3,...,T;T:=(Anzahl aller verschiedenen Parametereinstellungen)) ermittelt. Verändert
wurden dabei die Parameter Kapazitätsauslastung, Stufigkeit (1-5
Stufen)[1], Stück- und Rüstkosten.
Im nächsten Schritt wurden dann aus den Durchlaufzeiten (DLZ_{ti})
die Durchlaufzeitverhältnisse $(DLZVH_t)$ je Parametereinstellung t
errechnet. Bild 31 weist die Häufigkeit der ermittelten Durchlaufzeitverhältnisse in Abhängigkeit des Parameters Stufigkeit aus.

---

1) Das Kriterium Stufigkeit beschreibt die Anzahl "physischer"
   Materialflußstufen, über die hinweg eine -einstufige- Durchlaufzeit ermittelt wird (siehe Anhang).

Für die Nutzenabschätzung wurden aus der Menge U aller Durchlauf-
zeitverhältnisse (U: = { $DLZVH_1$, $DLZVH_2$,...,$DLZVH_T$; $T \in |N$ }) zwei
R e p r ä s e n t a t i v w e r t e   ausgewählt. Beim Wert 1 handelt es sich um den   k l e i n s t e n   W e r t   (Wert1: =
min { U }) und damit um das Verhältnis "alter" Vorlaufzeit und
"neuer" Durchlaufzeit, bei dem die   g e r i n g s t e n   Kosteneinsparungen zu erzielen sind.
Der Wert 2 (= 1,7) ist der   D u r c h s c h n i t t s w e r t   aus

allen Durchlaufzeitverhältnissen (Wert2: = $\sum_{t=1}^{T} DLZVH_t/T$) in Bild 31.

Für die nachfolgende Betrachtung repräsentiert er einen Wert, der
über die gesamte Planungsstruktur gesehen ein   d u r c h -
s c h n i t t l i c h   vorhandenes   P o t e n t i a l   z u r
D u r c h l a u f r e d u z i e r u n g   aufzeigt.

Der Nutzenabschätzung liegen folgende Überlegungen zugrunde:
Bei einer mehrstufigen Planung und der Ableitung der Materialbereitstellung aus kapazitiv abgestimmten Aufträgen (Fertigungsaufträge) ergeben sich dynamische Durchlaufzeiten. Daraus folgt im
Vergleich zur Verwendung statischer Durchlaufzeiten eine im Durchschnitt kürzere Durchlaufzeit. Die Repräsentativwerte 1 und 2 aus
Bild 31 stellen ein Maß für die erreichbaren Durchlaufzeitverkür-
zungen dar. Das gilt unter der Voraussetzung, daß die angenommenen
Planungsstrukturen das betrachtete Automobilunternehmen (im Durchschnitt) hinreichend genau repräsentieren. Bei einem Durchlaufzeitverhältnis von 1,3 (Wert 1) z.B. verkürzt sich die Durchlaufzeit durchschnittlich um 23,1%.

In Abhängigkeit von zugrundegelegtem Durchlaufzeitverhältnis
(Fall 1, Fall 2) und Lagerhaltungskostensatz (15%, 20%) kann weiterhin folgendes Ergebnis festgehalten werden:
Bei einem Umlaufbestand (siehe Kapitel 7.1) im Anwendungsfall von
2 400 Mio DM ergibt sich eine   K o s t e n e i n s p a r u n g
zwischen ca. 80 und ca. 200 Mio DM pro Jahr (Bild 32).
Beim obigen Umlaufbestand handelte es sich um die zum Inventur-
zeitpunkt vorliegende Größe. Bei der Nutzenabschätzung wurde daraus ein übers Jahr gültiger Durchschnittswert extrapoliert.

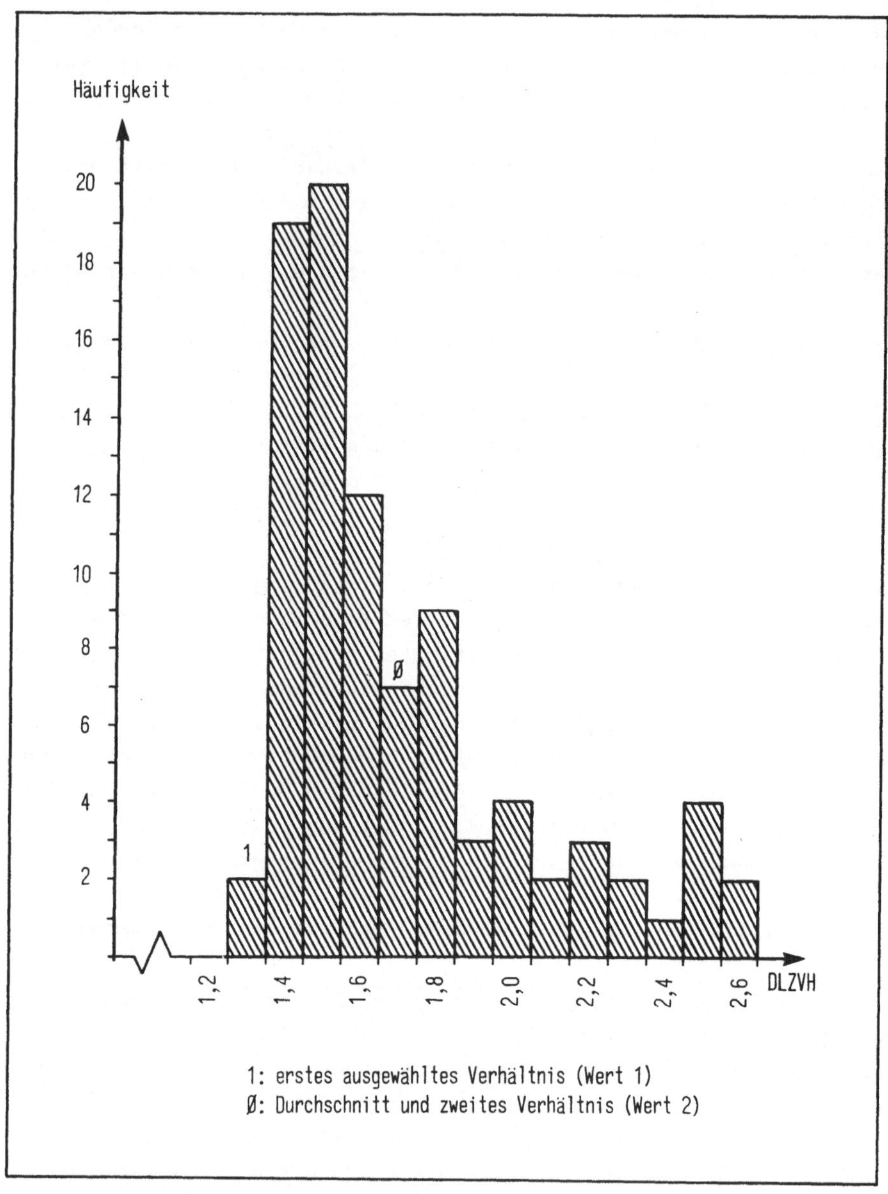

Bild 31: Häufigkeitsverteilung der ermittelten Durchlaufzeitverhältnisse (DLZVH) und Kennzeichnung der für die Nutzenabschätzung ausgewählten Repräsentativwerte

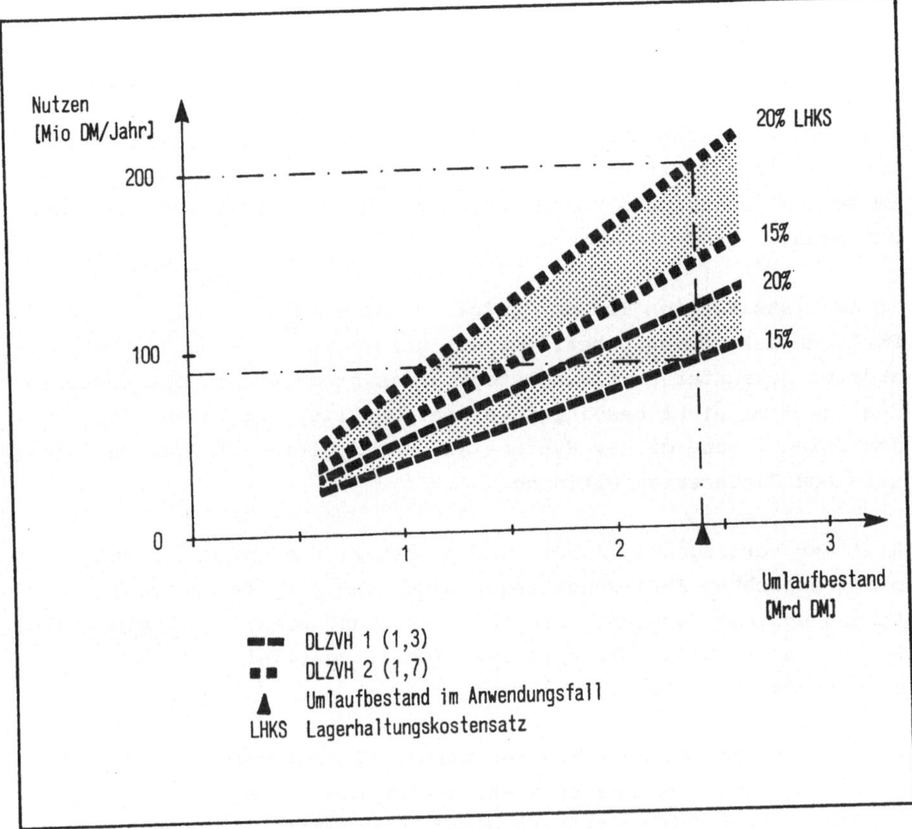

Bild 32: Quantifizierung des erzielbaren Nutzens für die ausgewählten Durchlaufzeitverhältnisse 1 und 2

Verstärkt durch den Umstand, daß bei der Abschätzung des Nutzens
n i c h t   a l l e   positiven Merkmale des entwickelten Fertigungssteuerungssystems berücksichtigt wurden, machen die oben aufgezeigten Zahlen in etwa deutlich, welch   u m f a n g r e i -
c h e s   Rationalisierungspotential durch seinen Einsatz im Automobilbau ausgeschöpft werden kann.

Die Wettbewerbsfähigkeit der deutschen Automobilindustrie bleibt
langfristig nur erhalten, wenn geeignete Organisationskonzepte die
im Produktionsbereich vorhandenen Rationalisierungspotentiale aus-
schöpfen.

In der Istsituation ist der Aufgabenkomplex der mittelfristigen
Fertigungssteuerung unbefriedigend gelöst. Durch eine Übernahme
anderer bekannter Fertigungssteuerungssysteme können die bestehen-
den Probleme nicht beseitigt werden. Das liegt im wesentlichen an
der Orientierung dieser Systeme an den Problemstellungen der Ein-
zel- und Kleinserienfertigung.

Ziel der vorliegenden Arbeit war es daher, ein optimales und
praxisgerechtes Fertigungssteuerungssystem für die Großserienfertigung und das dort vorherrschende Erzeugnisprinzip zu entwickeln.
Das gesteckte Ziel sollte in zwei Schritten ((Teil-)Ziele) erreicht werden:

    1. durch Konzeption einer hinsichtlich Termintreue und Be-
       ständen optimalen funktionalen Lösung und
    2. durch Sicherstellung einer praxisgerechten Lösung.

Das erste Teilziel wurde vor allem durch die Realisierung einer
neuen Planungsphilosophie angestrebt. Sie bestand in einer Integration von Mengen- und Terminplanung. Die Integration zeichnet
sich aus durch die Aspekte:

    a) Einsatz von einstufigen, kapazitätsorientierten Auftrags-
       bildungsverfahren und
    b) Ableitung der Sekundärbedarfe aus Fertigungsaufträgen.

Als Voraussetzung bzw. zur Unterstützung wurde ein mehrstufiges
Planungskonzept, auf der Basis einer mehrstufigen Planungsstruktur
entwickelt.

In dieser Planungsstruktur sind alle Materialflußobjekte mit Planungsnotwendigkeit, einschließlich ggf. zu berücksichtigender Materialflußzwischenzustände (z.B. Arbeitsvorgänge in der Teilefertigung), berücksichtigt. Die mehrstufige Planung ist Voraussetzung für

- eine exakte terminliche Abstimmung zwischen den Dispositionsstufen und damit auch eine exakte Ableitung des Sekundärbedarfs,
- eine exakte zustandsbezogene Bestandsführung und damit
- eine exakte Nettobedarfsermittlung.

Mit der Entwicklung eines Bestandsführungskonzepts zur vollständigen und fehlerfreien Bestandsführung wurde eine weitere Voraussetzung zur Zielerreichung geschaffen. Das Ziel der Bestandsoptimierung unterstützt weiterhin die vollständige Überlappung bei der Bedarfsermittlung. Wesentlich war, im Zusammenhang mit den Optimierungszielen Termintreue und optimale Bestände, die Aktualität der Planungsdaten. Um ständig aktuelle Planungsergebnisse zur Verfügung zu haben, wird deshalb im Prinzip immer dann geplant, wenn sich ein Planungsparameter (z.B. Bedarf) ungeplant verändert.

Aus dem zweiten Teilziel - Entwicklung einer praxisgerechten Lösung - ergaben sich die folgenden beiden Aufgabenschwerpunkte:

a) Sicherstellung der Machbarkeit der funktionalen Lösungskonzepte durch geeignete Maßnahmen und Vorgehensweisen und
b) Einbindung der aus den einzelnen Konzepten abgeleiteten Funktionen in eine "Systeminfrastruktur".

Zur Absicherung der gegensätzlichen Anforderungen Planungsaktualität und Machbarkeit dienen eine Reihe von Instrumentarien. So z.B. das Änderungsrechnungskonzept mit der Funktion Planüberprüfungsrechnung.
Mit ihrer Hilfe wird die Planerfüllung in Vergangenheit und Zukunft überwacht. Aufgrund der Fertigungssituation in der Großserienfertigung sind geringfügige Planabweichungen, vorrangig im zu-

rückliegenden Planungszeitabschnitt, die Regel. Um auch vor dem
Hintergrund des sehr großen Mengengerüsts an Materialflußobjekten
im Automobilbau die Machbarkeit der funktionalen Lösung zu ermög-
lichen, sind geringfügige Planabweichungen zugelassen. Je Materialflußobjekt werden die Planabweichungen kumulativ über die Bestandsentwicklung betrachtet und bewertet. Unzulässige Bestandsabweichungen führen zu einer neuen Mengen- und Terminplanung für die
betroffenen Materialflußobjekte.
Schließlich wurde der funktionale Aufbau, das Zusammenspiel der
einzelnen Funktionen und die zeitliche Aufgabendurchführung unter
Beachtung der in der Praxis vorliegenden Randbedingungen (2-
Schicht-Betrieb) organisiert.

Abschließend wurde auf eine Realisierung des entwickelten Fertigungssteuerungssystems in einem deutschen Automobilunternehmen
verwiesen. Eine qualitative Bewertung des Fertigungssteuerungssystems, am Beispiel des Anwendungsfalls, deutet den Umfang der
durch seinen Einsatz im Automobilbau mindestens erzielbaren Kosteneinsparungen an.

Die vorliegende Arbeit befaßt sich mit Problemen der mittelfristigen Fertigungssteuerung. Ihre Weiterführung in Richtung k u r z-
f r i s t i g e F e r t i g u n g s s t e u e r u n g ist
sinnvoll. Gelöst werden müßten dabei für eine unterlagerte Steuerung Fragestellungen, wie z.B. der kurzfristigen Reihenfolgepla-
nung innerhalb des Auflösungsrasters PZA (z.B. Schicht) der mittelfristigen Mengen- und Terminplanung. Aufgrund der knappen Bestände ergeben sich weiterhin hohe Anforderungen an ein System zur
Bewältigung von Störungen innerhalb der Grenzen eines Planungszeitraumes.

9   <u>Schrifttum</u>

/1/   Große-Oetringhaus, W.F.:
       Fertigungstypologie unter dem Gesichtspunkt der Fertigungs-
       ablaufplanung.
       Berlin: Duncker & Humblot, 1974.

/2/   Köhler, A.; Leopold, N.:
       Ermittlung von Kosten, die während der Produktion in Abhän-
       gigkeit von der Teilevielfalt anfallen.
       In: 25 Jahre IPA. 2. Teil.
       München: Fraunhofer-Gesellschaft, 1984, S. 167-170.

/3/   Hartwich, G.:
       Anforderungen an die zukünftige Umformtechnik aus der Sicht
       eines Automobilherstellers.
       In: Umformtechnisches Kolloquium 22./23. März 1984,
       Hannover.
       Hannover: Hannoversches Forschungs-Institut für Fertigungs-
       fragen, 1984, S. 1/1-1/11.

/4/   Bartl, M.:
       Entwicklungstrends in der Produktion.
       In: VDI-Berichte Nr. 501.
       Düsseldorf: VDI-Verlag, 1983, S. 37-44.

/5/   Schäffer, H.:
       Logistik im technischen und wirtschaftlichen Umfeld.
       In: VDI-Berichte Nr. 501.
       Düsseldorf: VDI-Verlag, 1983, S. 113-121.

/6/   von Briel, G.:
       Möglichkeiten und Grenzen des KANBAN-Systems als Instrument
       für die Materialsteuerung.
       In: Just-in-Time-Produktion.
       GFMT-Tagung, Oktober 1984, S. 244-268.

/7/   Heinemeyer, W.:
        Fortschrittszahlen - ein Ansatz zur Steuerung in der
        Serienfertigung.
        In: Statistisch orientierte Fertigungssteuerung:
        Grundlagen. Systeme. Anwendungserfahrungen.
        Fachseminar 16./17. Februar 1984, Hannover.
        Hannover: IFA-Institut für Fabrikanlagen, 1984, S. 98-127.

/8/   Hess, J.:
        Die Volkswagen-Modelle sollen künftig statt nach 33 schon
        nach 15 Tagen vom Band laufen.
        Handelsblatt Nr. 196 v. 11.10.1983, S. 14.

/9/   Warnecke, H.-J.; Bullinger, H.J.; Kölle, J.H.:
        Strategien der Produktionsplanung und -steuerung bei kriti-
        schen Situationen.
        Management-Zeitschrift iO 47 (1978) 12, S. 546-553.

/10/   Soom, E.:
        Integrierte Produktionsplanung und -steuerung.
        Blaue TR-Reihe, Heft 112.
        Bern; Stuttgart: Verlag Technische Rundschau im Hallwag-
        Verlag, 1974.

/11/   N.N.:
        Bericht über das Geschäftsjahr 1986.
        Volkswagenwerk Aktiengesellschaft Wolfsburg, Mai 1986.

/12/   Wagner, H.:
        Vorbereitung der Produktion, dispositive.
        In: Handwörterbuch der Produktionswirtschaft/Hrsg. W. Kern.
        Stuttgart: Poeschel, 1984, Sp. 2155-2173.

/13/   Warnecke, H.-J.; Kunerth, W.; Graf, H.:
        Neue Produktionsstrukturen fordern neue organisatorische
        Lösungen.
        Management-Zeitschrift iO 45 (1976) 1, S. 21-26.

/14/   Mertins, K.:
        Steuerung rechnergeführter Fertigungssysteme.
        München; Wien: Hauser, 1985.
        zugl. Berlin, Universität, Diss., 1984.

/15/   Seelbach, H.:
        Ablaufplanung bei Einzel- und Serienproduktion.
        In: Handwörterbuch der Produktionswirtschaft/Hrsg. W. Kern.
        Stuttgart: Poeschel, 1984, Sp. 12-28.

/16/   N.N.:
        Elektronische Datenverarbeitung in der Produktionsplanung
        und -steuerung VI. Begriffszusammenhänge, Begriffsdefini-
        tionen./Hrsg. Verein deutscher Ingenieure.
        VDI-Taschenbuch T77, 2. neubearb. Aufl.
        Düsseldorf: VDI-Verlag, 1978.

/17/   Graf, H.; Nieß, P.S.:
        Die Produktionsprogrammplanung bestimmt die Qualität der
        Fertigungssteuerung.
        AV 14 (1977) 5, S. 131-135.

/18/   Fröhner, K.-D.:
        Zielerreichung und Planungssystemteile bei Modularprogram-
        men zur Fertigungssteuerung.
        FB/IE 26 (1977) 5, S. 319-325.

/19/   Scheiber, R.E.:
        Entwicklung von Algorithmen zur flexiblen Gestaltung der
        kurzfristigen Fertigungssteuerung.
        Stuttgart, Universität, Diss., 1983.

/20/   Aldinger, L.:
        Leitstandunterstützte kurzfristige Fertigungssteuerung bei
        Einzel- und Kleinserienfertigung.
        Stuttgart, Universität, Diss., 1985.

/21/   Grupp, B.:
        Materialwirtschaft mit Bildschirmeinsatz.
        Schriftenreihe Integrierte Datenverarbeitung in der Praxis;
        Band 33/Hrsg. Dr. Wolfgang Heilmann.
        Wiesbaden: Forkel, 1983.

/22/   Dangelmaier, W.:
        Bedarfs- oder verbrauchsorientierte Materialwirtschaft:
        Eine vergleichende Analyse.
        Stuttgart; München: FhG-Berichte (1986) 1.

/23/   Wilhelm, K.G.:
        Technisch-organisatorische Informationssysteme.
        Vorlesungsmanuskript Universität Stuttgart 1980.

/24/   Oeldorf, G.; Olfert, K.:
        Materialwirtschaft.
        3. überarb. u. verb. Aufl.
        Ludwigshafen (Rhein): Kiehl, 1983.

/25/   Wildemann, H.:
        Rationalisierung des Materialflusses.
        Beschaffung aktuell (1983) 2, S. 18-22.

/26/   Wildemann, H.:
        Materialflußorientierte Fertigungssteuerung.
        In: Just-in-Time-Produktion.
        GFMT-Tagung, Oktober 1984, S. 1-31.

/27/   Soom, E.:
        Kurzfristige Montagesteuerung nach dem KANBAN-Prinzip.
        ZwF 79 (1984) 4, S. 149-152.

/28/   Monden, Y.:
        What makes the Toyota Production System really tick ?
        IE (1981) 1, S. 36-46.

/29/   Layer, M.:
       Kapazität: Begriff, Arten und Messung.
       In: Handwörterbuch der Produktionswirtschaft/Hrsg. W. Kern.
       Stuttgart: Poeschel, 1984, Sp. 871-882.

/30/   Kurbel, K.:
       Simultane Produktionsplanung bei mehrstufiger Serien-
       fertigung.
       Mannheim, Universität, Diss., 1979.

/31/   Küpper, H.-U.:
       Produktionstypen.
       In: Handwörterbuch der Produktionswirtschaft/Hrsg. W. Kern.
       Stuttgart: Poeschel, 1984, Sp. 1636-1647.

/32/   Heinen, E.:
       Industriebetriebslehre.
       Wiesbaden: Th. Gabler, 1974.

/33/   Dangelmaier, W.:
       Neue Konzepte für die Fertigungssteuerung - Integration von
       Zeit- und Materialwirtschaft.
       In: Wettbewerbsfähige Arbeitssysteme.
       IAO-Arbeitstagung 22./23. November 1983, Böblingen.
       Stuttgart: Verein zur Förderung produktionstechnischer
       Forschung, 1983, S. 323-340.

/34/   Minke, U.:
       Fertigungssteuerung mit Hilfe linearer Programmierung.
       In: VDI-Berichte Nr. 520.
       Düsseldorf: VDI-Verlag, 1984, S. 61-68.

/35/   Müller-Merbach, H.:
       Fertigungsplanung mit optimalen Losgrößen.
       In: VDI-Berichte Nr. 101.
       Düsseldorf: VDI-Verlag, 1966, S. 59-67.

/36/   Fröhner, K.-D.; Schuff, G.:
        Adaptive Produktionssteuerung für Klein- und Mittel-
        serienfertigung.
        ZWF 79 (1984) 8, S. 371-375.

/37/   Ihde, G.B.:
        Materialbereitstellung.
        In: Handwörterbuch der Produktionswirtschaft/Hrsg. W. Kern.
        Stuttgart: Poeschel, 1984, Sp. 1210-1216.

/38/   Hoff, M.; Kölle, J.:
        Alternative Konzepte zur Bereitstellungsorganisation.
        In: Materialfluß als Rationalisierungsschwerpunkt.
        13. Arbeitstagung des IPA 20./21. Mai 1981, Böblingen.
        Stuttgart: Fraunhofer-Institut für Produktionstechnik und
        Automatisierung, 1981, Vortrag Nr. 17.

/39/   Busch, H.F.; Stihl, A.:
        Integration des KANBAN-Systems zur Optimierung von
        Logistiksystemen.
        In: Just-in-Time-Produktion.
        GFMT-Tagung, Oktober 1984, S. 269-283.

/40/   Gutschke, W.; Mertins, K.:
        Erfolgreich produzieren mit CIM - Integrierte Informations-
        verarbeitung in der Produktion.
        ZWF 80 (1985) 9, S. 365-371.

/41/   Kölle, J.:
        Ein neues integriertes Informationssystem zum Planen, Steu-
        ern und Kontrollieren der Fertigung mit belastungsorien-
        tierter Auftragsfreigabe.
        In: Planen und Steuern der Produktion im Wandel: Organisa-
        tionskonzepte; Softwarekonzepte 6./7. Mai 1985, Böblingen/
        Hrsg. H. Wildemann.
        München: Gesellschaft für Management und Technologie, 1985,
        S. 341-347.

/42/ Brankamp, K.:
Stand und Tendenzen von Planungs- und Steuerungssystemen
für die Produktion.
In: VDI-Berichte Nr. 490.
Düsseldorf: VDI-Verlag, 1983, S. 5-14.

/43/ Waller, S.:
Die Automatisierung der Fabrik - Computerunterstützung von
Fertigung, Planung und Engineering -.
In: Schritte zur automatisierten Produktion.
VDI-Fachtagung 23.Oktober 1984, Bad Homburg.
Düsseldorf: VDI/ADB, 1984, S. 19-42.

/44/ Andler, K.:
Rationalisierung der Fabrikation und optimale Losgröße.
München: Oldenbourg, 1929.

/45/ Zwehl von, W.:
Losgrößen, wirtschaftliche.
In: Handwörterbuch der Produktionswirtschaft/Hrsg. W. Kern.
Stuttgart: Poeschel, 1984, Sp. 1163-1183.

/46/ Grosch, K.:
Preßwerksteuerung.
In: Rechnereinsatz in der Produktion - ein Weg zur
Rationalisierung ?
9. Arbeitstagung des IPA 9./10. November 1977, Böblingen.
Stuttgart: Institut für Produktionstechnik und Automatisie-
rung, 1977, Vortrag Nr. C.4.

/47/ Mandel, P.:
Preßwerksteuerung im Großpreßwerk.
In: VDI-Berichte Nr. 364.
Düsseldorf: VDI-Verlag, 1980, S. 17-24.

/48/ Geitner, U.W.:
EDV-Gesamtplanung für Produktionsbetriebe.
München: Hanser, 1981.

/49/   Gerlach, H.-W.:
        Stücklisten.
        In: Handwörterbuch der Produktionswirtschaft/Hrsg. W. Kern.
        Stuttgart: Poeschel, 1984, Sp. 1903-1916.

/50/   Gahse, S.:
        Optimale Bestellmengen.
        IBM-Form 81 533 (1967).

/51/   De Matteis, J.J.:
        An Economic Lot-Sizing Technique. I. The Part-Period
        Algorithm.
        IBM-Systems Journal 7 (1968) 1, S. 30-38.

/52/   Wagner, H.M.; Within, T.M.:
        Dynamic Version of the Economic Lot Size Model.
        Management Science 5 (1968) 1, S. 89-96.

/53/   Junghanns, W.:
        Terminfeinplanung.
        In: Handwörterbuch der Produktionswirtschaft/Hrsg. W. Kern.
        Stuttgart: Poeschel, 1984, Sp. 1972-1973.

/54/   Stommel, H.J.:
        Betriebliche Feinplanung.
        New York, Berlin: Walter de Gruyter, 1976.

/55/   Scheer, A.-W.:
        Wirtschafts- und Betriebsinformatik.
        München: Moderne Industrie, 1978.

/56/   Kieser, A.; Kurbel, K.:
        Fertigungsorganisation.
        In: Handwörterbuch der Produktionswirtschaft/Hrsg. W. Kern.
        Stuttgart: Poeschel, 1984, Sp. 586-595.

/57/   Haag, W.:
        Produktionsmengen- und Terminplanung.
        Köln: TÜV Rheinland, 1983.

/58/   N.N.:
        IBM, COPICS
        Programm-/Bedienerhandbuch, Programm-Nr. 5785-GBI (1981).

/59/   N.N.:
        IBM, CAPOSS-E, Capacity Planing and Operation Sequencing
        System extended.
        Programmbeschreibung Band I (1980),
        Programm-Nr. 5740-M 41 (OS-VS), 5746-M 41 (DOS-VSE)

/60/   Warnecke, H.J.; Dangelmaier, W.:
        Disposition bei mehrstufiger gemischter Fertigung und mehr-
        stufiger Linienfertigung.
        wt-Z. ind. Fertig. 76 (1986) 3, S. 170-174.

/61/   N.N.:
        IBM, COPICS Bestandsführung II.
        Programm-/Bedienerhandbuch, Programm-Nr. 5785-GBE,
        S. 27-58.

/62/   Orlicky, J.:
        Material Requirements Planing.
        New York: McGraw-Hill Book Company, 1975.

/63/   Scheer, A.-W.:
        Stand und Trends der computergestützten Produktionsplanung
        und -steuerung (PPS) in der Bundesrepublik Deutschland.
        ZfB 53 (1983) 2, S. 138-155.

/64/   Orlicky, J.:
        Net change Material Requirements Planing.
        Production and Inventory Management (1972) 1, S. 1-13.

/65/   N.N.:
        Duden 5 Fremdwörterbuch 3. Aufl.
        Mannheim; Wien; Zürich: Bibliographisches Institut, 1974.

/66/   Weber, A.H.:
       Einführung in Operations Research.
       Wiesbaden: Akademische Verlagsgesellschaft, 1978.

/67/   Seelbach, H.:
       Ablaufplanung.
       Würzburg-Wien: Physica, 1975.

/68/   Müller, E.:
       Simultane Losgrößen- und Reihenfolgeplanung bei mehrstufi-
       ger Mehrproduktfertigung unter besonderer Berücksichtigung
       des Kapazitätsausgleichs.
       Opladen: Westdeutscher Verlag, 1974.

/69/   Eisenhut, P.S.:
       A Dynamic Lot Sizing Algorithm with Capacity Constraints.
       AIIE Transactions (1975) 2, S. 170-176.

/70/   Schmidt, W.P.:
       Fertigungsplanung mit Graphen.
       Bern; Frankfurt/M.: Herbert Lang, Peter Lang, 1972.

/71/   Ohse, D.:
       Näherungsverfahren zur Bestimmung der wirtschaftlichen
       Bestellmenge bei schwankendem Bedarf.
       Elektronische Datenverarbeitung (1970) 2, S. 83-88.

/72/   Hinze, W.:
       Problemlösungsbeispiele zum Rationalisierungsschwerpunkt
       Materialfluß aus der amerikanischen Industrie.
       In: Materialfluß als Rationalisierungsschwerpunkt.
       13. Arbeitstagung des IPA 20./21. Mai 1981, Böblingen.
       Stuttgart: Fraunhofer-Instituts für Produktionstechnik und
       Automatisierung, 1981, Vortrag Nr. 3.

/73/   Kernler, H.K.:
       Fertigungssteuerung mit EDV-Anwendungen in Produktion,
       Lager, Einkauf, Konstruktion und Arbeitsvorbereitung.
       Köln: Frauenfeld, 1972.

/74/   Schirmer, A.:
        Dynamische Produktionsplanung bei Serienfertigung.
        Wiesbaden: Th. Gabler, 1980.

/75/   Greiner, T.:
        Ein Algorithmus zur kapazitätsorientierten Bildung von
        Losen.
        Stuttgart, Universität, Diss. in Vorbereitung.

/76/   Kühnle, H.:
        Produktionsmengen- und -terminplanung bei mehrstufiger
        Linienfertigung.
        Stuttgart, Universität, Diss. in Vorbereitung.

/77/   Niedereichholz, C.:
        Organisation von Stücklisten-Strukturen in verschiedenen
        Datenbanksystemen.
        Online-adl-Nachrichten (1979) 4, S. 312-316.

/78/   Wedekind, H.; Müller, T.:
        Stücklistenorganisation bei einer großen Variantenzahl.
        Angewandte Informatik 23 (1981) 9, S. 377-383.

/79/   Müller-Merbach, H.:
        Materialbedarfsplanung mit Netzplantechnik.
        MWF-Mitteilungen 41 (1966) 7, S. 388-390.

/80/   Siklaky, J.:
        Methodologische Grundlagen für die Planung der logischen
        Ebene fertigungstechnischer Datenbasen.
        Angewandte Informatik (1981) 11, S. 484-491.

/81/   Schmidt, W.P.:
        Programmsystem zur Teilebedarfsermittlung, Losgrößenrech-
        nung und Maschinenbelegung.
        Betriebstechnische Reihe RKW/REFA.
        Berlin; Köln; Frankfurt/M.: Beuth, 1972.

/82/   Soom, E.:
        Einführung in Operations Research.
        Blaue TR-Reihe, Heft 92, 2. überarb. u.erw. Aufl.
        Bern; Stuttgart: Verlag Technische Rundschau im Hallwag-
        Verlag, 1974.

/83/   Sachs, L.:
        Angewandte Statistik.
        Berlin; Heidelberg; New York: Springer, 1978.

Der Anhang ergänzt den Quantifizierungsansatz in Kapitel 7. Basis
der Abschätzung des Rationalisierungspotentials ist der Quotient
Durchlaufzeitverhältnis ($DLZVH_t$), bei jeweils einer bestimmten Parametereinstellung t. Wesentliche Parameter bei der Ermittlung von
Durchlaufzeitverhältnissen waren die Größen Kapazitätsauslastung
und Stufigkeit. So wurden z. B. bei den Simulationstionsläufen Ka-
pazitätsbelastungen von 85, 75 und 65% zugrundegelegt. Der Stufig-
keitsaspekt ergab sich, indem die Durchlaufzeiten am Beispiel in
Bild 30 auch über mehrere Stufen hinweg (1-5 Stufen) ausgewertet
wurden.
Als Ausgangsgrößen für einen Simulationslauf waren jeweils die
folgenden Größen gegeben:

- Bedarf über einen bestimmten Horizont (126 PZA's)
- Kapazitätskalender(-angebot) über denselben Horizont
- Stundenleistung je Betriebsmittel und Materialflußobjekt
- Rüstkosten je Betriebsmittel und Materialflußobjekt und
- Lagerhaltungskosten je Stufe und Materialflußobjekt.

Im ersten Schritt wurden auf der Stufe 1 die Bedarfe mit dem Verfahren Part-Period zu Losen gebündelt. Das Part-Period Verfahren
basiert auf der Eigenschaft der klassischen Bestellmengenformel.
Es werden jedoch nicht die Stückkosten minimiert, sondern es wird
für jedes Los angestrebt, daß die darauf entfallenden Kosten an-
nähernd gleich groß sind. Der nächste Schritt diente dazu, die Lose unter Berücksichtigung der zur Verfügung stehenden Kapazität in
Fertigungsaufträge umzusetzen. Aus den so gebildeten Fertigungsaufträgen wurden dann wiederum die Bedarfe für die nächste Stufe
als Vorgabe für den nachfolgenden Simulationslauf abgeleitet usw.
Bei dem Zeitraum zwischen dem Liefertermin eines Auftrages/Teil-
auftrages und der Bereitstellung der dazu benötigten Bedarfe handelt es sich um die Durchlaufzeit.
Nach jedem Simulationslauf für eine Stufe wurden die Durchlaufzeiten als Grundlage der Ermittlung eines Durchlaufzeitverhältnisses
je Parametereinstellung und Stufe ermittelt (vgl. die Struktogram-
me in den Bildern 33 und 34).

Den Simulationen lag die Festlegung zugrunde, daß eine Bedarfsmenge jeweils einen Planungszeitabschnitt vor ihrem Verbrauch zur Verfügung stehen muß (PZA-weise Überlappung).

<u>Beispiel:</u>

- Stufe 1, bei einer Kapazitätsauslastung von ca. 65%

Geg.:

Bedarf	: siehe Tabelle 5
Kapazitätsauslastung	: 65%
Stundenleistung A	: 95 Stk.
Stundenleistung B	: 75 Stk.
Rüstkosten A	: 300 DM
Rüstkosten B	: 260 DM
Lagerhaltungskosten A:	0,029 DM pro Stk. und PZA
Lagerhaltungskosten B:	0,015 DM pro Stk. und PZA

Auswertung:

Im Listing in Tabelle 5 sind die Eingangsgrößen Bedarf und Kapazitätsangebot (je PZA), die Zwischengröße Lose (=Lieferaufträge) und die Ergebnisdaten Fertigungsaufträge und Bedarfe für die nächste Stufe graphisch aufbereitet.

Die Ermittlung einer Durchlaufzeit soll an einem Beispiel in Tabelle 5 erläutert werden: Im PZA 64 wurde ein Lieferauftrag für das Materialflußobjekt B eingeplant, das die Bedarfe aus den PZA's 64 bis 78 umfaßt. Bei der Umwandlung in einen Fertigungsauftrag müssen Kapazitätsangebot und Kapazitätskonkurrenz um das Betriebsmittel 1 berücksichtigt werden. Deshalb erstreckt sich der Fertigungsauftrag über die Planungszeitabschnitte 64 - 48. Gemäß der obigen Definition zur Durchlaufzeit, nach der eine Bedarfsmenge immer ein PZA vor dem Verbrauchstermin einer Auftragsteilmenge bereitgestellt werden soll, ergeben sich für den betrachteten Fertigungsauftrag die Bereitstellungstermine PZA 48, 49, 51, 52 und

54. Bezüglich des Liefertermins des fertigen Auftrages resultieren daraus die fünf Durchlaufzeiten 10 PZA's, 12 PZA's, 13 PZA's, 15 PZA's und 16 PZA's.
Für das Beispiel (Stufe 1 bei einer Kapazitätsauslastung von ca. 65%) ergeben sich die folgenden Durchlaufzeiten und daraus abgeleitet über die einzelnen dargestellten Zwischenschritte das gesuchte Durchlaufzeitverhältnis $DLZVH_t$:

Durchlaufzeiten:

1 PZA :	4x	=	4
2 PZA's:	3x	=	6
3 PZA's:	1x	=	3
4 PZA's:	1x	=	4
5 PZA's:	1x	=	5
9 PZA's:	3x	=	27
10 PZA's:	5x	=	50
12 PZA's:	3x	=	36
13 PZA's:	2x	=	26
15 PZA's:	2x	=	30
16 PZA's:	2x	=	32

$$n = 27 \quad \Sigma\, DLZ = 223$$

$$\overline{x}_t = 223/27 = 8{,}26$$

$$\Sigma\, DLZ^2 = 2541$$

$$(\Sigma\, DLZ)^2 = 49\ 729$$

$$\sigma_t = \sqrt{\frac{\Sigma\, DLZ^2 - \dfrac{(\Sigma\, DLZ)^2}{n}}{n - 1}} = \sqrt{\frac{2541 - \dfrac{49\ 729}{27}}{26}} = 5{,}19$$

$$WRC_t = \overline{x}_t + 1{,}65 * \sigma_t = 8{,}26 + 1{,}65 * 5{,}19 = 16{,}82$$

$$DLZVH_t = \frac{WRC_t}{\overline{x}_t} = \underline{2,04}$$

Die Tabelle 5 zeigt den aus den gebildeten Fertigungsaufträgen abgeleiteten Bedarf als Vorgabe für die nächste Stufe.

- Stufe 2, bei einer Kapazitätsauslastung von ca 65%

Geg.:

Bedarf	: siehe Tabelle 5/6
Kapazitätsauslastung	: 65%
Stundenleistung C	: 95 Stk.
Stundenleistung D	: 75 Stk.
Rüstkosten C	: 230 DM
Rüstkosten D	: 250 DM
Lagerhaltungskosten C	: 0,033 DM pro Stk. und PZA
Lagerhaltungskosten D	: 0,018 DM pro Stk. und PZA

Auswertung:

Die u.a. als Ergebnis ausgewiesenen Bedarfe am Materialflußobjekt D (vgl. Bild 30) sind wiederum Vorgabe zur Ermittlung der Durchlaufzeiten zur Stufe 2 (vgl. die Tabellen 5 und 6).

Bei der Ableitung von Durchlaufzeiten über mehrere Stufen hinweg wird die Nutzung einer mehrstufigen Planungsstruktur, im Vergleich zu einer einstufigen Struktur, in die Betrachtung mit einbezogen. Dazu werden im Beispiel über 2 Stufen hinweg die einzelnen ("einstufigen") Durchlaufzeiten addiert. Der Durchschnitt aus allen (bei einem Simulationslauf) ermittelten Durchlaufzeiten stellt einen Repräsentativwert für die dynamische Durchlaufzeit bei der Verwendung einer mehrstufigen Struktur dar. Bei einer einstufigen Planungsstruktur (Bild 30) müßte wiederum der "worst case" aus den kumulierten Durchlaufzeiten benutzt werden.

Die Ermittlung von (kumulierten) Durchlaufzeiten soll an einem Beispiel in Tabelle 6 verdeutlicht werden (vgl. auch Bild 34 - Ablaufdiagramm):

Die Durchlaufzeit ergibt sich aus der zeitlichen Differenz zwischen einem bestimmten Bedarf am Materialflußobjekt F und dem ursprünglich verursachenden Lieferauftrag zum MFO B. Der erste Lieferauftrag zum MFO B liegt im PZA 64 mit der Menge 2410 (vgl. Tabelle 5). Bereitstellungstermine für das MFO F (siehe rechte Spalte in Tabelle 6), verursacht durch den obigen Lieferauftrag, sind die PZA's 34, 42, 43, 45 und 46. Damit ergeben sich in Bezug auf den Liefertermin in PZA 64 die "mehrstufigen" Durchlaufzeiten 18, 19, 21, 22 und 30.

Für das Beispiel (Stufe 2 bei einer Kapazitätsauslastung von ca. 65%) ergeben sich die folgenden Durchlaufzeiten und daraus abgeleitet über die einzeln dargestellten Zwischenschritte das gesuchte Durchlaufzeitverhältnis $DLZVH_t$:

Durchlaufzeiten:

3 PZA's:	1x	=	3
5 PZA's:	1x	=	5
9 PZA's:	2x	=	18
10 PZA's:	2x	=	20
11 PZA's:	1x	=	11
12 PZA's:	2x	=	24
13 PZA's:	3x	=	39
14 PZA's:	1x	=	14
15 PZA's:	1x	=	15
16 PZA's:	2x	=	32
18 PZA's:	3x	=	54
19 PZA's:	3x	=	57
20 PZA's:	1x	=	20
21 PZA's:	3x	=	63
22 PZA's:	2x	=	44
23 PZA's:	1x	=	23
30 PZA's:	2x	=	60
34 PZA's:	1x	=	34

$$n = 32 \quad \Sigma\ DLZ = 536$$

$$\bar{x}_t \quad = \quad 16,75$$

$$\Sigma \, DLZ^2 \quad = \quad 10\ 476$$

$$(\Sigma \, DLZ)^2 \; = \quad 287\ 296$$

$$\sigma_t = \sqrt{\dfrac{10\ 476 - \dfrac{287\ 296}{32}}{31}} \; = \; 6,95$$

$$WRC_t \; = \; 28,22$$

$$DLZVH_t \; = \; \underline{1,68}$$

PROGRAMM: Ermittlung von Durchlaufzeitverhältnissen; Stufe 1

<table>
<tr><td colspan="4">Losbildung für das Materialflußobjekt A, dann für das Materialflußobjekt B</td></tr>
<tr><td colspan="4">Berechnung Quotient QUO: $= \dfrac{RK}{LhK}$</td></tr>
<tr><td colspan="4">L1]Suche nach der 1-ten Bedarfsmenge eines Loses für i = 1(1)I; LOS;: = 0; LhKSu:=0</td></tr>
<tr><td colspan="4">Bedarf $(BB_i) > 0$?</td></tr>
<tr><td colspan="3">ja</td><td>nein</td></tr>
<tr><td colspan="3">Fortschreibung Losmenge Los_i: $= Los_i + BB_i$</td><td rowspan="11"></td></tr>
<tr><td colspan="3">Suche nach dem nächsten Bedarf für j = i + 1(1)I bis . Abbruchkriterium</td></tr>
<tr><td colspan="3">Bedarf $(BB_j) > 0$?</td></tr>
<tr><td colspan="2">ja</td><td>nein</td></tr>
<tr><td colspan="2">Bildung Lagerhaltungskostenwert LhK: $= BB_j \times (j - i)$</td><td rowspan="7"></td></tr>
<tr><td colspan="2">Fortschreibung Summe Lagerhaltungskostenwert
LhKSu: $= LhKSu + LhK$</td></tr>
<tr><td colspan="2">LhKSu $>$ QUO?</td></tr>
<tr><td>ja</td><td>nein</td></tr>
<tr><td>Zähler i
i: = j</td><td>Fortschreibung Losmenge
Los_i: $= Los_i - BB_j$</td></tr>
<tr><td>Go to L1</td><td></td></tr>
<tr><td colspan="4">Sortierung der Lose rückwärts für alle PZA's i = I(1),1; m = 1,2...n</td></tr>
<tr><td colspan="4">Losmenge zum MFOA in i >0?</td></tr>
<tr><td colspan="3">ja</td><td>nein</td></tr>
<tr><td colspan="3">Zuordnung Priorität m $Los_{i,m}$: $= Los_i$</td><td rowspan="2"></td></tr>
<tr><td colspan="3">Fortschreibung Priorität   m: = m + 1</td></tr>
<tr><td colspan="4">Losmenge zum MFOB in i >0?</td></tr>
<tr><td colspan="3">ja</td><td>nein</td></tr>
<tr><td colspan="3">Zuordnung Priorität m $Los_{i,m}$: $= Los_i$</td><td rowspan="2"></td></tr>
<tr><td colspan="3">Fortschreibung Priorität   m: = m + 1</td></tr>
<tr><td colspan="4">L2] n: = 0; ΣDLZ: = 0; ΣDLZ^2: = 0</td></tr>
<tr><td colspan="4">Kapazitive Einplanung für alle Losmengen $(Los_{i,m})$ für m = 1(1)M;</td></tr>
<tr><td colspan="4">Suche nach freier Kapazität rückwärts für f = i(1)1 oder Abbruchkriterium</td></tr>
</table>

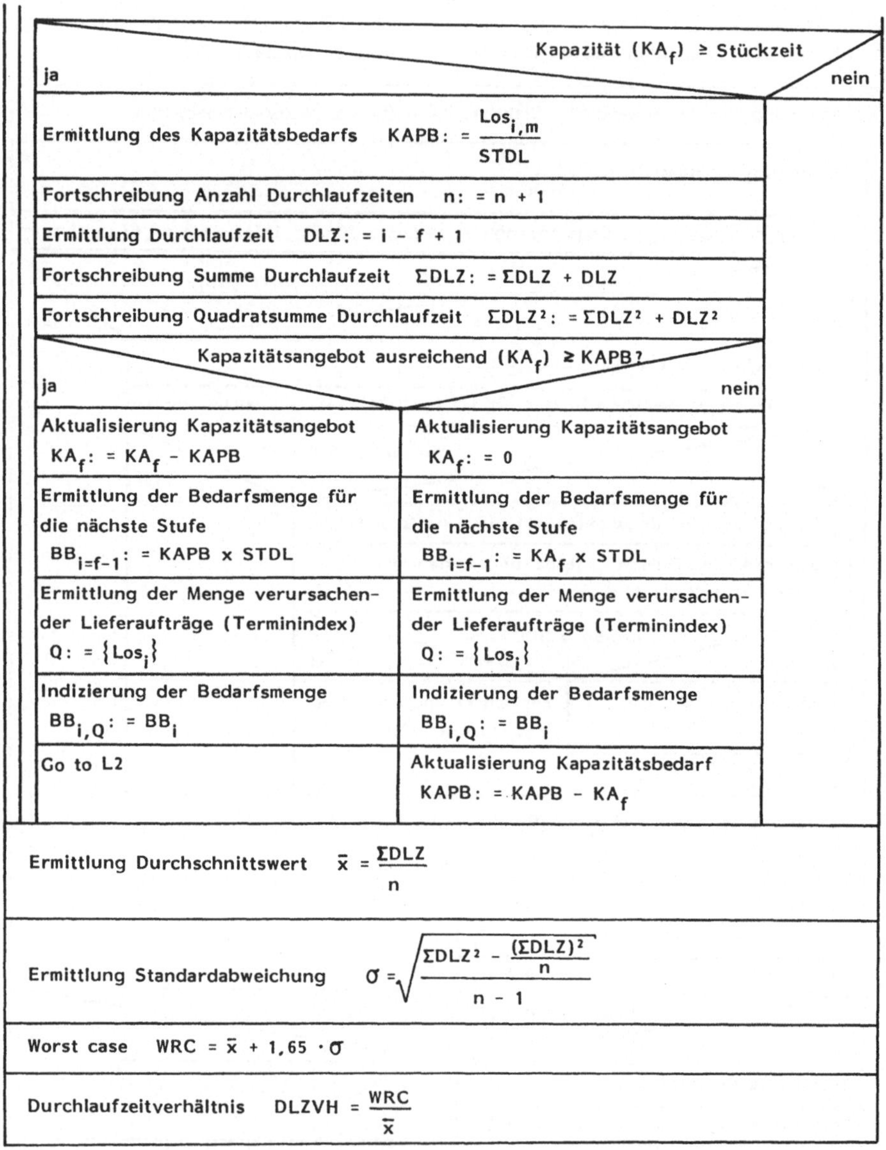

Kapazität $(KA_f) \geq$ Stückzeit	
ja	nein

Ermittlung des Kapazitätsbedarfs $\quad$ KAPB: $= \dfrac{Los_{i,m}}{STDL}$	
Fortschreibung Anzahl Durchlaufzeiten $\quad$ n: = n + 1	
Ermittlung Durchlaufzeit $\quad$ DLZ: = i - f + 1	
Fortschreibung Summe Durchlaufzeit $\quad$ ΣDLZ: = ΣDLZ + DLZ	
Fortschreibung Quadratsumme Durchlaufzeit $\quad$ ΣDLZ^2: = ΣDLZ^2 + DLZ^2	

Kapazitätsangebot ausreichend $(KA_f) \geq$ KAPB?	
ja	nein
Aktualisierung Kapazitätsangebot $\quad$ KA_f: = KA_f - KAPB	Aktualisierung Kapazitätsangebot $\quad$ KA_f: = 0
Ermittlung der Bedarfsmenge für die nächste Stufe $\quad$ $BB_{i=f-1}$: = KAPB x STDL	Ermittlung der Bedarfsmenge für die nächste Stufe $\quad$ $BB_{i=f-1}$: = KA_f x STDL
Ermittlung der Menge verursachender Lieferaufträge (Terminindex) $\quad$ Q: = $\{Los_i\}$	Ermittlung der Menge verursachender Lieferaufträge (Terminindex) $\quad$ Q: = $\{Los_i\}$
Indizierung der Bedarfsmenge $\quad$ $BB_{i,Q}$: = BB_i	Indizierung der Bedarfsmenge $\quad$ $BB_{i,Q}$: = BB_i
Go to L2	Aktualisierung Kapazitätsbedarf $\quad$ KAPB: = KAPB - KA_f

Ermittlung Durchschnittswert $\quad$ $\bar{x} = \dfrac{\Sigma DLZ}{n}$
Ermittlung Standardabweichung $\quad$ $\sigma = \sqrt{\dfrac{\Sigma DLZ^2 - \dfrac{(\Sigma DLZ)^2}{n}}{n - 1}}$
Worst case $\quad$ WRC = $\bar{x}$ + 1,65 $\cdot \sigma$
Durchlaufzeitverhältnis $\quad$ DLZVH = $\dfrac{WRC}{\bar{x}}$

Bild 33: Struktogramm - Ermittlung von Durchlaufzeitverhältnissen
für die Stufe 1 -

			Bedarf A	Los A	Bedarf B	Los B	KA[1]	Fertig.A	Fertig.B	Bedarf C	Bedarf D
MO	1	43	0	0	0	0	8.0	0.0	0.0	0	0
	2	44	0	0	0	0	8.0	0.0	0.0	0	0
	3	45	0	0	0	0	0.0	0.0	0.0	0	0
DI	1	46	0	0	0	0	8.0	0.0	0.0	0	0
	2	47	0	0	0	0	8.0	0.0	0.0	0	0
	3	48	0	0	0	0	0.0	0.0	0.0	0	224
MI	1	49	0	0	0	0	8.0	0.0	3.0	0	600
	2	50	0	0	0	0	8.0	0.0	8.0	0	0
	3	51	0	0	0	0	0.0	0.0	0.0	0	600
DO	1	52	0	0	0	0	8.0	0.0	8.0	0	600
	2	53	0	0	0	0	8.0	0.0	8.0	0	0
	3	54	0	0	0	0	0.0	0.0	0.0	270	386
FR	1	55	0	0	0	0	8.0	2.8	5.1	760	0
	2	56	0	0	0	0	8.0	8.0	0.0	0	0
	3	57	0	0	0	0	0.0	0.0	0.0	0	0
SA	1	58	0	0	0	0	0.0	0.0	0.0	0	0
	2	59	0	0	0	0	0.0	0.0	0.0	0	0
	3	60	0	0	0	0	0.0	0.0	0.0	0	0
SO	1	61	0	0	0	0	0.0	0.0	0.0	0	0
	2	62	0	0	0	0	0.0	0.0	0.0	0	0
	3	63	0	0	0	0	0.0	0.0	0.0	760	0

DLZ 1   DLZ 2   DLZ 3   DLZ 4   DLZ 5

MO	1	64	150	1790	160	2410	8.0	8.0	0.0		0	0
	2	65	120	0	190	0	8.0	0.0	0.0		0	0
	3	66	160	0	170	0	0.0	0.0	0.0		0	0
DI	1	67	170	0	150	0	8.0	0.0	0.0		0	0
	2	68	140	0	140	0	8.0	0.0	0.0		0	0
	3	69	160	0	170	0	0.0	0.0	0.0		0	0
MI	1	70	180	0	180	0	8.0	0.0	0.0		400	0
	2	71	190	0	150	0	8.0	4.2	0.0		0	0
	3	72	200	0	130	0	0.0	0.0	0.0		760	0
DO	1	73	170	0	140	0	8.0	8.0	0.0		0	600
	2	74	150	0	150	0	8.0	0.0	8.0		0	0
	3	75	140	1160	170	0	0.0	0.0	0.0		0	600
FR	1	76	160	0	160	0	8.0	0.0	8.0		0	600
	2	77	130	0	160	0	8.0	0.0	8.0		0	0
	3	78	100	0	190	0	0.0	0.0	0.0		0	0
SA	1	79	0	0	0	0	0.0	0.0	0.0		0	0
	2	80	0	0	0	0	0.0	0.0	0.0		0	0
	3	81	0	0	0	0	0.0	0.0	0.0		0	0
SO	1	82	0	0	0	0	0.0	0.0	0.0		0	0
	2	83	0	0	0	0	0.0	0.0	0.0		0	0
	3	84	0	0	0	0	0.0	0.0	0.0		0	600

MO	1	85	150	0	150	2400	8.0	0.0	8.0	270	0
	2	86	170	0	140	0	8.0	2.8	0.0	0	0
	3	87	140	0	170	0	0.0	0.0	0.0	760	0
DI	1	88	170	0	180	0	8.0	8.0	0.0	760	0
	2	89	180	1730	200	0	8.0	8.0	0.0	0	0
	3	90	200	0	170	0	0.0	0.0	0.0	0	155
MI	1	91	190	0	150	0	8.0	0.0	2.1	0	600
	2	92	160	0	160	0	8.0	0.0	8.0	0	0
	3	93	180	0	180	0	0.0	0.0	0.0	0	600
DO	1	94	150	0	150	0	8.0	0.0	8.0	0	600
	2	95	130	0	140	0	8.0	0.0	8.0	0	0
	3	96	160	0	120	0	0.0	0.0	0.0	310	355
FR	1	97	180	0	140	0	8.0	3.3	4.7	760	0
	2	98	140	0	170	0	8.0	8.0	0.0	0	0
	3	99	120	0	180	0	0.0	0.0	0.0	0	0
SA	1	100	0	0	0	0	0.0	0.0	0.0	0	0
	2	101	0	0	0	0	0.0	0.0	0.0	0	0
	3	102	0	0	0	0	0.0	0.0	0.0	0	0
SO	1	103	0	0	0	0	0.0	0.0	0.0	0	0
	2	104	0	0	0	0	0.0	0.0	0.0	0	0
	3	105	0	0	0	0	0.0	0.0	0.0	760	0

Tag		Nr									
MO	1	106	150	1830	160	2310	8.0	8.0	0.0	0	0
	2	107	140	0	170	0	8.0	0.0	0.0	0	0
	3	108	170	0	140	0	0.0	0.0	0.0	0	0
DI	1	109	190	0	160	0	8.0	0.0	0.0	0	0
	2	110	170	0	190	0	8.0	0.0	0.0	0	0
	3	111	150	0	150	0	0.0	0.0	0.0	0	0
MI	1	112	130	0	170	0	8.0	0.0	0.0	0	0
	2	113	170	0	160	0	8.0	0.0	0.0	0	0
	3	114	190	0	130	0	0.0	0.0	0.0	0	0
DO	1	115	200	0	170	0	8.0	0.0	0.0	630	0
	2	116	170	0	190	0	8.0	6.6	0.0	0	0
	3	117	180	630	200	0	0.0	0.0	0.0	0	0
FR	1	118	150	0	170	0	8.0	0.0	0.0	0	180
	2	119	140	0	150	0	8.0	0.0	2.4	0	0
	3	120	160	0	180	160	0.0	0.0	0.0	0	0
SA	1	121	0	0	0	0	0.0	0.0	0.0	0	0
	2	122	0	0	0	0	0.0	0.0	0.0	0	0
	3	123	0	0	0	0	0.0	0.0	0.0	0	0
SO	1	124	0	0	0	0	0.0	0.0	0.0	0	0
	2	125	0	0	0	0	0.0	0.0	0.0	0	0
	3	126	0	0	0	0	0.0	0.0	0.0	0	0

Tabelle 5: Simulationslauf mit ca. 85% Kapazitätsauslastung auf der Stufe 1

PROGRAMM: Ermittlung von Durchlaufzeitverhältnissen; Stufe 2...n

---

Losbildung für das Materialflußobjekt C (E,G,I), dann für das Materialfluß-objekt D (F,H,J)

Berechnung Quotient $\quad QUO: = \dfrac{RK}{LhK}$

L3] Suche nach der 1-ten Bedarfsmenge eines Loses für i = 1(1)I; LOS; : = 0; LhKSu:=0

Bedarf $(BB_{i,Q}) > 0$?	
ja	nein

Fortschreibung Losmenge $\quad Los_i: = Los_i + BB_{i,Q}$

Fortschreibung der Menge Q, die alle im Los enthaltenen ursprünglich auslösenden Lieferaufträge (Stufe 1) enthält

$Q: = \{Q;$ Menge aller <u>unterschiedlichen</u> Lieferaufträge (Terminindizes) von Stufe 1$\}$

Indizierung des Loses $\quad Los_{i,Q}: = Los_i$

Suche nach dem nächsten Bedarf für j = i + 1(1)I bis Abbruchkriterium

Bedarf $(BB_{j,Q}) > 0$?	
ja	nein

Bildung Lagerhaltungskostenwert $\quad LhK: = BB_{j,Q} \times (j - i)$

Fortschreibung Summe Lagerhaltungskostenwert
$LhKSu: = LhKSu + LhK$

$LhKSu > QUO$?	
ja	nein

ja	nein
Zähler i i: = j	Fortschreibung Losmenge $Los_{i,Q}: = Los_{i,Q} - BB_{j,Q}$
Go to L3	Fortschreibung der Menge Q $Q: = \{$ Menge aller unter-schiedlicher Lieferauf-träge von Stufe 1$\}$
	Indizierung des Loses $Los_{i,Q}: = Los_{i,Q}$

Sortierung der Lose rückwärts für alle PZA's i = I(1),1; m = 1,2...n

Losmenge zum MFOC in i > 0?	
ja	nein

Zuordnung Priorität m $\quad Los_{i,Q,m}: = Los_{i,Q}$

Fortschreibung Priorität $\quad m: = m + 1$

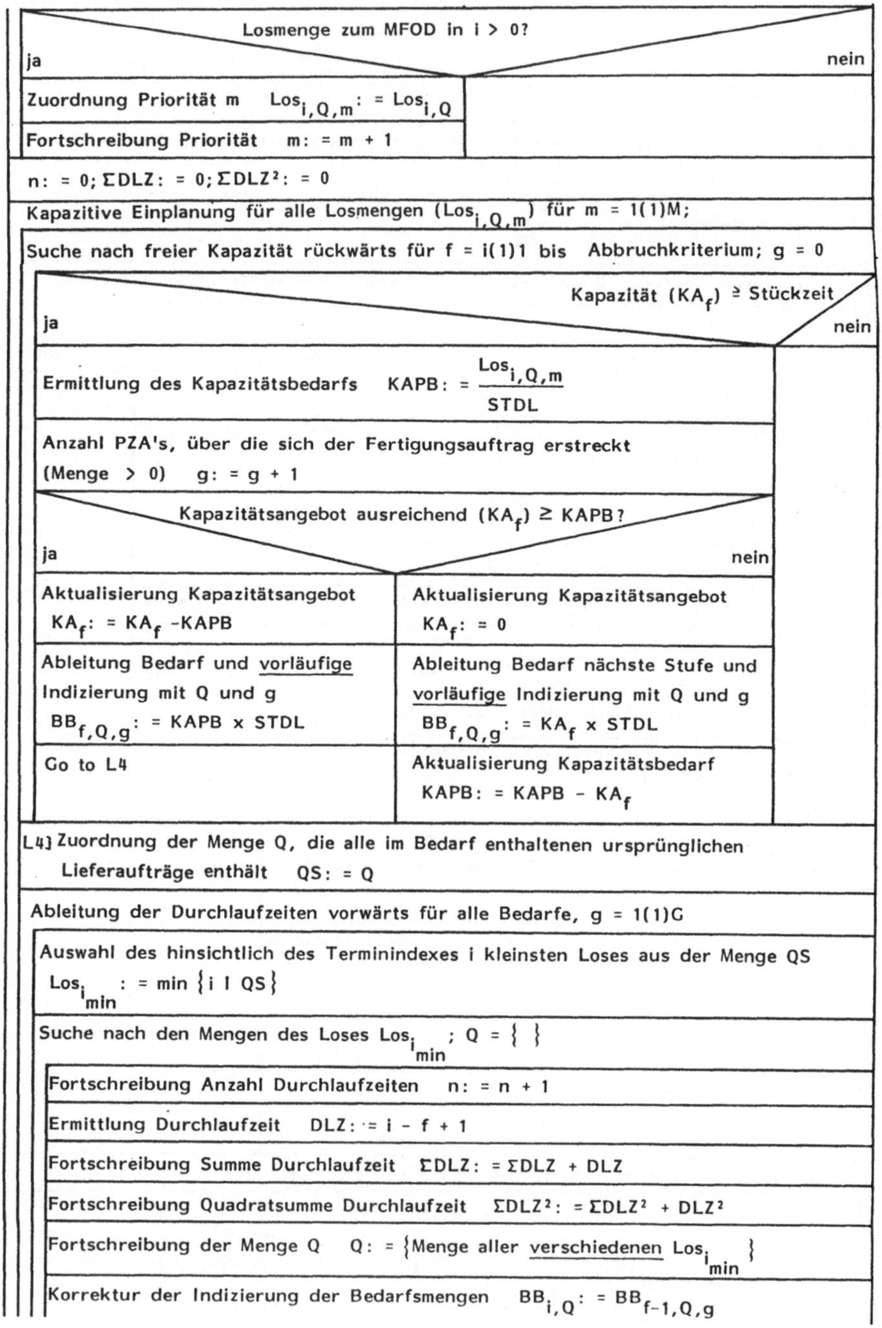

Losmenge zum MFOD in $i > 0$?	
ja	**nein**
Zuordnung Priorität m $Los_{i,Q,m} := Los_{i,Q}$	
Fortschreibung Priorität $m := m + 1$	

$n := 0; \Sigma DLZ := 0; \Sigma DLZ^2 := 0$

Kapazitive Einplanung für alle Losmengen ($Los_{i,Q,m}$) für $m = 1(1)M$;

Suche nach freier Kapazität rückwärts für $f = i(1)1$ bis Abbruchkriterium; $g = 0$

Kapazität (KA_f) $\geq$ Stückzeit	
ja	**nein**
Ermittlung des Kapazitätsbedarfs $KAPB := \dfrac{Los_{i,Q,m}}{STDL}$	
Anzahl PZA's, über die sich der Fertigungsauftrag erstreckt (Menge > 0) $g := g + 1$	

Kapazitätsangebot ausreichend (KA_f) $\geq$ KAPB?	
ja	**nein**
Aktualisierung Kapazitätsangebot $KA_f := KA_f - KAPB$	Aktualisierung Kapazitätsangebot $KA_f := 0$
Ableitung Bedarf und <u>vorläufige</u> Indizierung mit Q und g $BB_{f,Q,g} := KAPB \times STDL$	Ableitung Bedarf nächste Stufe und <u>vorläufige</u> Indizierung mit Q und g $BB_{f,Q,g} := KA_f \times STDL$
Go to L4	Aktualisierung Kapazitätsbedarf $KAPB := KAPB - KA_f$

L4] Zuordnung der Menge Q, die alle im Bedarf enthaltenen ursprünglichen
 Lieferaufträge enthält $QS := Q$

Ableitung der Durchlaufzeiten vorwärts für alle Bedarfe, $g = 1(1)G$

Auswahl des hinsichtlich des Terminindexes i kleinsten Loses aus der Menge QS
 $Los_{i_{min}} := \min \{ i \mid QS \}$

Suche nach den Mengen des Loses $Los_{i_{min}}$; $Q = \{ \ \}$

Fortschreibung Anzahl Durchlaufzeiten $n := n + 1$

Ermittlung Durchlaufzeit $DLZ := i - f + 1$

Fortschreibung Summe Durchlaufzeit $\Sigma DLZ := \Sigma DLZ + DLZ$

Fortschreibung Quadratsumme Durchlaufzeit $\Sigma DLZ^2 := \Sigma DLZ^2 + DLZ^2$

Fortschreibung der Menge Q $Q := \{$ Menge aller <u>verschiedenen</u> $Los_{i_{min}} \}$

Korrektur der Indizierung der Bedarfsmengen $BB_{i,Q} := BB_{f-1,Q,g}$

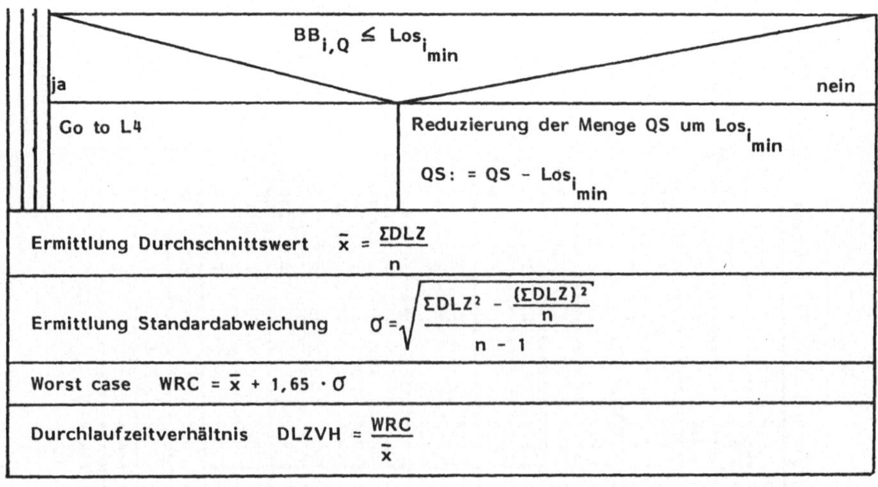

Bild 34: Struktogramm - Ermittlung von Durchlaufzeitverhältnissen
für die Stufen 2...n -

			Bedarf C	Los C	Bedarf D	Los D	KA[2]	Fertig.C	Fertig.D	Bedarf E	Bedarf F
DO	1	31	0	0	0	0	8.0	0.0	0.0	0	0
	2	32	0	0	0	0	8.0	0.0	0.0	0	0
	3	33	0	0	0	0	0.0	0.0	0.0	0	0
FR	1	34	0	0	0	0	8.0	0.0	0.0	0	10
	2	35	0	0	0	0	8.0	0.0	0.1	0	0
	3	36	0	0	0	0	0.0	0.0	0.0	0	0
SA	1	37	0	0	0	0	0.0	0.0	0.0	0	0
	2	38	0	0	0	0	0.0	0.0	0.0	0	0
	3	39	0	0	0	0	0.0	0.0	0.0	0	0
SO	1	40	0	0	0	0	0.0	0.0	0.0	0	0
	2	41	0	0	0	0	0.0	0.0	0.0	0	0
	3	42	0	0	0	0	0.0	0.0	0.0	0	600
MO	1	43	0	0	0	0	8.0	0.0	8.0	0	600
	2	44	0	0	0	0	8.0	0.0	8.0	0	0
	3	45	0	0	0	0	0.0	0.0	0.0	0	600
DI	1	46	0	0	0	0	8.0	0.0	8.0	0	600
	2	47	0	0	0	0	8.0	0.0	8.0	0	0
	3	48	0	0	224	2410	0.0	0.0	0.0	0	0
MI	1	49	0	0	600	0	8.0	0.0	0.0	0	0
	2	50	0	0	0	0	8.0	0.0	0.0	0	0
	3	51	0	0	600	0	0.0	0.0	0.0	270	0

DLZ_{n+4}

The following is a computer-printout table. Row labels are German weekday abbreviations (DO, FR, SA, SO, MO, DI, MI). The four brace labels at the right edge — DLZ_n, DLZ_{n+1}, DLZ_{n+2}, DLZ_{n+3} — bracket the data block. A box at the left margin reads `1790` (at row 64).

DO	1	52	0	0	600	0	8.0	2.8	0.0	760	0
	2	53	0	0	0	0	8.0	8.0	0.0	0	0
	3	54	270	1030	386	0	0.0	0.0	0.0	400	0
FR	1	55	760	0	0	0	8.0	4.2	0.0	760	0
	2	56	0	0	0	0	8.0	8.0	0.0	0	0
	3	57	0	0	0	0	0.0	0.0	0.0	0	0
SA	1	58	0	0	0	0	0.0	0.0	0.0	0	0
	2	59	0	0	0	0	0.0	0.0	0.0	0	0
	3	60	0	0	0	0	0.0	0.0	0.0	0	0
SO	1	61	0	0	0	0	0.0	0.0	0.0	0	0
	2	62	0	0	0	0	0.0	0.0	0.0	0	0
	3	63	760	1160	0	0	0.0	0.0	0.0	0	0
MO	1	64	0	0	0	0	8.0	0.0	0.0	467	0
	2	65	0	0	0	0	8.0	4.9	0.0	0	0
	3	66	0	0	0	0	0.0	0.0	0.0	563	155
DI	1	67	0	0	0	0	8.0	5.9	2.1	0	600
	2	68	0	0	0	0	8.0	0.0	8.0	0	0
	3	69	0	0	0	0	0.0	0.0	0.0	0	600
MI	1	70	400	0	0	0	8.0	0.0	8.0	0	600
	2	71	0	0	0	0	8.0	0.0	8.0	0	0
	3	72	760	1030	0	0	0.0	0.0	0.0	0	600

	2	74	0	0	0	0	8.0	0.0	0.0	0	0
	3	75	0	0	600	0	0.0	0.0	0.0	228	0
FR	1	76	0	0	600	0	8.0	2.4	0.0	760	0
	2	77	0	0	0	0	8.0	8.0	0.0	0	0
	3	78	0	0	0	0	0.0	0.0	0.0	0	0
SA	1	79	0	0	0	0	0.0	0.0	0.0	0	0
	2	80	0	0	0	0	0.0	0.0	0.0	0	0
	3	81	0	0	0	0	0.0	0.0	0.0	0	0
SO	1	82	0	0	0	0	0.0	0.0	0.0	0	0
	2	83	0	0	0	0	0.0	0.0	0.0	0	0
	3	84	0	0	600	0	0.0	0.0	0.0	760	0
MO	1	85	270	0	0	0	8.0	8.0	0.0	82	535
	2	86	0	0	0	0	8.0	0.9	7.1	0	0
	3	87	760	1830	0	0	0.0	0.0	0.0	0	600
DT	1	88	760	0	0	0	8.0	0.0	8.0	0	600
	2	89	0	0	0	0	8.0	0.0	8.0	0	0
	3	90	0	0	155	0	0.0	0.0	0.0	0	600
MT	1	91	0	0	600	2335	8.0	0.0	8.0	0	0
	2	92	0	0	0	0	8.0	0.0	0.0	0	0
	3	93	0	0	600	0	0.0	0.0	0.0	0	0
DO	1	94	0	0	600	0	8.0	0.0	0.0	760	0
	2	95	0	0	0	0	8.0	8.0	0.0	0	0
	3	96	510	0	355	0	0.0	0.0	0.0	760	0
FR	1	97	760	1520	0	0	8.0	8.0	0.0	0	0
	2	98	0	0	0	0	8.0	0.0	0.0	0	0
	3	99	0	0	0	0	0.0	0.0	0.0	0	0
SA	1	100	0	0	0	0	0.0	0.0	0.0	0	0

Tag	Nr	Pos	V1	V2	V3	V4	V5	V6	V7	V8	V9
	2	101	0	0		0	0	0.0	0.0	0.0	0	0
	3	102	0	0		0	0	0.0	0.0	0.0	0	0
SO	1	103	0	0		0	0	0.0	0.0	0.0	0	0
	2	104	0	0		0	0	0.0	0.0	0.0	0	0
	3	105	760	0		0	0	0.0	0.0	0.0	0	0
MO	1	106	0	0		0	0	8.0	0.0	0.0	0	0
	2	107	0	0		0	0	8.0	0.0	0.0	0	0
	3	108	0	0		0	0	0.0	0.0	0.0	0	0
DI	1	109	0	0		0	0	8.0	0.0	0.0	0	0
	2	110	0	0		0	0	8.0	0.0	0.0	0	0
	3	111	0	0		0	0	0.0	0.0	0.0	0	0
MI	1	112	0	0		0	0	8.0	0.0	0.0	0	0
	2	113	0	0		0	0	8.0	0.0	0.0	0	0
	3	114	0	0		0	0	0.0	0.0	0.0	630	0
DO	1	115	630	630	0	0	8.0	6.5	0.0	0	0
	2	116	0	0		0	0	8.0	0.0	0.0	0	0
	3	117	0	0		0	0	0.0	0.0	0.0	0	0
FR	1	118	0	0	180	0	8.0	0.0	0.0	0	0
	2	119	0	0		0	0	8.0	0.0	0.0	0	0
	3	120	0	0		0	0	0.0	0.0	0.0	0	0
SA	1	121	0	0		0	0	0.0	0.0	0.0	0	0
	2	122	0	0		0	0	0.0	0.0	0.0	0	0
	3	123	0	0		0	0	0.0	0.0	0.0	0	0
SO	1	124	0	0		0	0	0.0	0.0	0.0	0	0
	2	125	0	0		0	0	0.0	0.0	0.0	0	0
	3	126	0	0		0	0	0.0	0.0	0.0	0	0

Tabelle 6: Simulationslauf mit ca. 85% Kapazitätsauslastung auf der Stufe 2

IPA Forschung und Praxis
Schriftenreihe aus dem Institut für Produktionstechnik und Automatisierung, Stuttgart

Herausgeber: Prof. Dr.-Ing. H. J. Warnecke

Datenerfassung im Produktionsbereich
Von E. Bendeich. ISBN 3-7830-0117-8.
1977, 176 Seiten, kartoniert.   54,— DM

Methodenauswahl für die Materialbewirtschaftung in Maschinenbau-Betrieben
Von H. Graf. ISBN 3-7830-0136-6.
1977, 144 Seiten, kartoniert.   54,— DM

Systematische Auswahl von Förderhilfsmitteln für den innerbetrieblichen Materialfluß
Von W. Rau. ISBN 3-7830-0139-0.
1977, 103 Seiten, kartoniert.   40,— DM

Grundlagen zur Planung von Ersatzteilfertigungen
Von E. Schulz. ISBN 3-7830-0138-2.
1977, 98 Seiten, kartoniert.   40,— DM

Rechnerunterstützte Fabrikplanung
Von B. Minten. ISBN 3-7830-0116-1.
1977, 124 Seiten, kartoniert.   38,— DM

Eine Planungsmethode für automatische Montagesysteme
Von H.-G. Löhr. ISBN 3-7830-0120-X.
1977, 108 Seiten, kartoniert.   32,— DM

Planung und Bewertung von Arbeitssystemen in der Montage
Von H. Metzger. ISBN 3-7830-0131-5.
1977, 108 Seiten, kartoniert.   40,— DM

Klassifizierungssystem für Prüfmittel der industriellen Längenprüftechnik
Von R. Czetto. ISBN 3-7830-0144-7.
1978, 181 Seiten, kartoniert.   64,— DM

Rechnerunterstützte Montageplanung
Von O. Hirschbach. ISBN 3-7830-0149-8.
1978, 146 Seiten, kartoniert.   52,— DM

Rechnerunterstützte Entwicklung von Simulationsmodellen für Unternehmensplanspiele
Von A. Moker. ISBN 3-7830-0147-1.
1978, 181 Seiten, kartoniert.   64,— DM

Arbeitsplatzanalysen zur Ermittlung der Einsatzmöglichkeiten und Anforderungen an Industrieroboter
Von G. Herrmann. ISBN 37830-0151-X.
1978, 113 Seiten, kartoniert.   40,— DM

MFSP — Ein Verfahren zur Simulation komplexer Materialflußsysteme
Von G. Stemmer. ISBN 3-7830-0118-8.
1977, 140 Seiten, kartoniert.   60,— DM

Berührungslose Erkennung durch Positionsbestimmung von Objekten durch inkohärent-optische Korrelation
Von M. König. ISBN 3-7830-0137-4.
1977, 110 Seiten, kartoniert.   40,— DM

Auslegung von Störungspuffern in kapitalintensiven Fertigungslinien
Von R. v. Stetten. ISBN 3-7830-0140-4.
1977, 154 Seiten, kartoniert.   56,— DM

Flexible Transportablaufsteuerung
Von G. Römer. ISBN 3-7830-0114-5.
1977, 188 Seiten, kartoniert.   60,— DM

Rechnergestützte Realplanung von Fabrikanlagen
Von T.-K. Sauter. ISBN 3-7830-0119-6.
1977, 108 Seiten, kartoniert.   32,— DM

Systematisches Auswählen und Konzipieren von programmierbaren Handhabungsgeräten
Von R. D. Schraft. ISBN 3-7830-0115-3.
1977, 108 Seiten, kartoniert.   32,— DM

Auslandsproduktion
Von W. Cypris. ISBN 3-7830-0145-5.
1978, 126 Seiten, kartoniert.   42,— DM

Wirtschaftlicher Einsatz von Mehrkoordinatenmeßgeräten
Von M. Dietzsch. ISBN 3-7830-0148-X.
1978, 142 Seiten, kartoniert.   52,— DM

Fertigungssteuerung bei flexiblen Arbeitsstrukturen
Von K.-G. Lederer. ISBN 3-7830-0146-3.
1978, 128 Seiten, kartoniert.   42,— DM

Untersuchungen zum Polieren und Entgraten durch elektrochemisches Oberflächenabtragen
Von K. Zerweck. ISBN 3-7830-0150-1.
1978, 110 Seiten, kartoniert.   40,— DM

IPA Forschung und Praxis

Berichte aus dem Fraunhofer-Institut für Produktionstechnik und Automatisierung, Stuttgart, und dem Institut für Industrielle Fertigung und Fabrikbetrieb der Universität Stuttgart

Herausgeber: Prof. Dr.-Ing. H. J. Warnecke

IPA-IAO Forschung und Praxis

Berichte aus dem Fraunhofer-Institut für Produktionstechnik und
Automatisierung (IPA), Stuttgart, Fraunhofer-Institut für Arbeitswirtschaft
und Organisation (IAO), Stuttgart, und Institut für Industrielle Fertigung
und Fabrikbetrieb der Universität Stuttgart

Herausgeber: Prof. Dr.-Ing. H. J. Warnecke und Prof. Dr.-Ing. H.-J. Bullinger

---

Die Bände sind im Erscheinungsjahr und in den folgenden drei Kalenderjahren zu beziehen durch den örtlichen Buchhandel oder durch Lange & Springer, Otto-Suhr-Allee 26-28, 1000 Berlin 10.